緑の技法

自然と共生する
持続型都市社会に向けて

輿水肇+明治大学緑地工学研究室 編著

彰国社

緑の技法

自然と共生する
持続型都市社会に向けて

輿水肇 +
明治大学緑地工学研究室 編著

彰国社

目次

はじめに　輿水 肇　4

第1章
緑の技法　その多様な展開　7

都市緑化の成立と展開　近代から現代までの東京を例にして　輿水 肇　8

環境を把握し評価する　渡部昌之　24

自然現象の読解　変化予測と緑の生活　佐藤公俊　30

共生社会をつくる　三橋弘宗　35

コミュニティガーデンと市民の緑意識　香川 淳　39

街路の緑化および管理と行政・区民の協働　横田雅彦　44

第2章
緑の技法　拡がる活動　49

縁の下の力持ち　土の中の土壌動物たち　金田 哲　50

緑化樹木の環境適合性と温暖化の影響　高田浩明　54

小笠原諸島「都立大神山公園」における外来植物除去と植生復元　佐藤 力　60

農業と公園緑地がおりなすアノニマスランドスケープ　樫木謙次　64

景観に配慮した街中の噴水の設計　鄭 運根・李 赫宰　70

韓国に造成された日本庭園　李 赫宰　82

壁面緑化「Vertical Garden」の生育段階の違いによるメンテナンス　辻永岳史　90

三次元レーザースキャナ技術の現状と課題　松元信乃　98

東京2020オリンピック・パラリンピック後の選手村のまちづくり　早川秀樹　103

植栽工事一次中止に伴う植物の保管、仮置きに対する処置方法　小柳津君夫　108

教育現場、特に高等学校における緑の扱いとその実践　佐久間恵美　111

私たちの生き方が問われている　未来の子どもたちが豊かな地球に生きるために　若林千賀子　118

「緑」と「自然」　浅井啓吾　130

国境なき緑の仕事　田口真弘　132

第3章
成長し続ける緑　141

樹木園と街路樹　輿水 肇・菊池佐智子　142

芝生と長期保存種子の発芽　日本の芝生文化　輿水 肇・菊地佐智子　159

おわりに　172
執筆者紹介　173
図・写真提供　176

装丁　みなみゆみこ

はじめに

自然と共生する持続型社会の構築に向けて、それを実現するライフスタイルとは
何か。21世紀を生き抜くための課題だとされた。人間が、人間だけで生きてい
ると意識していた時代が終わり、すべての生命体との関係に思いをはせ、一体
となって共存する生き方と向き合う。これを思考の世界から発せられた理念にと
どめておくのではなく、それを実現するための具体的な方法を知りたい。方法に
こだわるのは、過ぎ去った時代の言葉と思考から解放され新たな地平を拓きた
いからである。いくつかの方法はすでに、環境に関連するさまざまな分野から自
然と共生する装置の設計技術であるとか、持続可能な性能であるとして提案さ
れ、試行されている。そのなかで、いくつが生き残り、より完成度の高いものへ
と洗練されていくのだろうか。

緑の世界で仕事をしてきた一人として、どのような技法が正解になるのかを示す
ことが社会に対し責任を果たすということだろう。しかし環境改善の対象が増え、
自然再生の目標もひとつに収斂できない状況の多様性が見られるようになった今

日、課題を整理し答えを示すことは一人の能力を超えている。多くの視点とさまざまな知恵の結集を図る必要があると考え、明治大学農学部緑地工学研究室の36年を振り返りつつ、現状と将来を考えるシンポジウムを企画した。その成果をまとめ、さらに卒業生に呼びかけペーパーによる参加も含めることにより、内容に幅をもたせ豊かにすることができた。庭などの造園の技法に始まり、公園や緑地を対象とする、立地条件の調査、これらをつくることによる事象の変化とその予測、最終の目標をイメージしそれを実現するためのプロセス、実行する方法などの方法に重きが置かれるようになった。これが「緑の技法」である。

時代の求めるものが自然的環境の健全化、視覚的環境すなわち景観の快適性に移ってくると、一方通行の思考の流れでは解が得られず、フィードバックや立体的・重層的な思考が有効になる。私たちの生きていく外囲とどのように向き合い、どのようにそれを内包し、美しく健全なランドスケープへと投影できるかを実践しているすべての方々への参考書となれば幸いである。

輿水　肇

第1章

緑の技法　その多様な展開

都市緑化の成立と展開
近代から現代までの東京を例にして

　日本は国土面積の約70％が山地と丘陵地で、その94％は森林で覆われている。残りは、それに続く平坦な台地と低地で、それらは農地と宅地として利用されている里やまちである。このまちに人口の約80％が住んでいる（図1）。国土の周囲は海で囲まれており、世界平均の2倍にあたる年1,700mmの降水量は、植生を育み地表を浸食し川となり海にそそぐ。こうした風土で暮らしてきた人びとは、さまざまな風景の中で、多様な景観をつくってきた。美しく快適で、潤いがあり、高齢者から子どもまでが交わる、住んでよかったと誇りのもてる環境の実現を目指してきた。しかしそれは、地殻運動が活発で地震や火山活動が頻発する土地での、不安を抱えた営みであり、毎年のように発生する洪水と土砂災害への備えと被害の克服もあった。

　世界においては、エネルギー革命や産業革命は都市社会に近代化をもたらし、人口の増加、物流や人びとの活動の増大を促した。よりよい環境をつくろうという取り組みを無にするような都市の無秩序な拡大もあった。最もひどい環境破壊となる民族間、都市間、国家間の暴力的な争いとしての戦争は、現在も一部の地域で収まっていない。しかし一方で、都市環境の改善への取り組みや新たなまちづくりへの地道な努力も続けられている。近代化から今日までは、破壊と創造の歴史を繰り返してきた。潤いに満ちた風土を人工的で無機的なものへ改変してしまう一方で、身近なところに生物的自然を回復させようという努力も行ってきた。それに専門的に取り組み、責任ある仕事として築いてきた分野が都市緑化である。

　都市化が進行する過程で、自然との触れ合い活動の場が遠くなっていった。品田穣は『都市の自然史―人間と自然のかかわり合い』（1974年）の中で、都市化による生物生息地の後退と呼応するように、人びとの観光行楽活動範囲が拡大していったことを、江戸時代あたりから具体的な事例を引いて記述している。都市化による自然の後退を問題視し、人間にとってなぜ緑や自然は必要なのかという問いかけに対し、人びとは失われた自然を本能的に追い求めようとすることを立

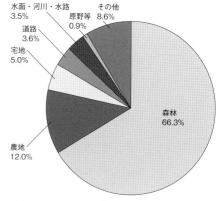

図1　日本の国土利用の実態（2012）
国土交通省土地白書より

証してみせた。その都市である江戸の市内は、循環型社会を体現していたという記述で多用されるのが、ロバート・フォーチュン Robert Fortune（1812-1880）ら英国植物ハンターたちの「江戸はガーデンシティであった」という見聞録である。江戸の町は緑の少ない都市だったのではなく、都市緑化や都市園芸が高度に展開されていたことも浮世絵や絵図が示している。

江戸から近代へ

ソメイヨシノ *Cerasus × yedoensis* で有名な江戸時代の染井には植木業が集積しており、植物好きの江戸市民で賑わう植木市が開かれていた。当時の様子を描いた絵を見ると、現代のガーデンセンターに負けないくらい多くの種類と数の植物が、市に出ていたことがわかる。それは、植木や草花の生産も本格的であったことを示すもので、生業として活況を呈していたことをうかがわせる。宮崎安貞の『農業全書』（1697年）にも、五穀、葉物、山菜、果物などに加えて、木についても、自分の目で見た日本全国の農法や栽培技術が記述されている。

徳川家光は東叡山寛永寺の造営にあたり、桜を植栽した（1625年）といわれ、徳川吉宗（1684-1751）は鷹狩りの場であった王子の飛鳥山に桜やカエデ類を植えて庶民の行楽地とした。また隅田川東堤、御殿山、中野にも桜、柳、桃類を植栽したという（図2）。その結果、これらの地は花見や紅葉狩りで大いに賑わった。為政者の本音はどうであれ、都市緑化や都市園芸が、都市住民の安寧に貢献するということを知っており、それを目的とした施策であろう。

大名たちは登城の折に城内の花壇や盆栽あるいは花木園などを見れば、浜離宮、小石川後楽園、六義園などの名園をつくるような特段の園芸趣味家でなくとも、将軍に倣って自分の屋敷にも庭のひとつもつくろうとするだろう。江戸時代は大名の間でも庭づくりが盛んになった。そのためのガーデニングの本として有名なのが、北村援琴斎の『築山庭造伝 前編』（1735年）と籬島軒秋里の同『後編』（1828年）であった。またこれ以外にも、庭への樹木の配植、役木についての法則や移植のときの根鉢のつくり方、植木への支柱の立て方、庭石や大きめの樹木の運搬の方法などについて書かれたマニュアル本も流布していたようだ。

植木祭りや市ばかりでなく、日常的にも市中には振り子と呼ばれる植木の行商が行き交い、盆栽や桜、松を売りにきた

図2 松と桜が緑化の中心であった江戸の代表的なレクリエーション地、飛鳥山と品川御殿山（名所江戸百景（歌川広重）左：飛鳥山北の眺望、右：品川御殿やま）

図3 植木の行商（東都三十六景 本郷通り（歌川広重））
江戸の市民は植木を求めていた、すなわち緑を欲していた。一方小ぶりではあるが完成した形の植木を生産する生産者が近郊にいた。この需給に応えるように発生したのが、その荷姿の様相から振り子と呼ばれる植木の行商である。

第1章 緑の技法 その多様な展開 9

様子を描いた絵もある（図3）。庭づくりが一般の人びとの間にも広がりつつあったことをうかがわせる。

　1873年の太政官布達によって、江戸時代の大名屋敷や名所、旧跡などを大蔵省（当時）に届け出て、その中でレクリエーション地に適するものを、市民が利用できる公園として名称を変えることとなった。いわば徳川時代の武家の財産を国有化するためのお達しであったが、庭園やオープンスペースが維新という混乱の時代のなかで、消失してしまうことを防いだ有効な施策でもあった。上野恩賜公園や芝増上寺などの絵を見ると、桜と松が描かれており、この時代の都市の緑は、やはり江戸の流れをくむ桜と松が主流だったといえよう。

都市計画による道路緑化と公園整備の始まり

　火事に弱い木造の建物の多かった江戸のまちを近代的な欧風の街にしようということで、1874年大火後のレンガ舗装された銀座通りに、英国人の指導により街路樹が整備された（図4）。ここでも桜と松が選ばれた。しかし江戸湾の奥で干潟や湿地を造成した築地に近いこの銀座は湿地帯で、過湿を嫌う桜や松が育つはずはなく枯れてしまった。そのため1877年湿地に強い柳類に植え替えられた。この柳は震災や戦災で焼失するのであるが、その後、地元の商店会などの要望で補植されてきた。街路樹が身近な緑として市民から愛着をもたれるようになっていたからであろう。欧米人の指導があったためか、街路樹の樹種にも変化が現れ、大手町の堀端の八重洲河岸にはニセアカシア *Robinia pseudoacacia* やシンジュ *Ailanthus altissima* が試験的に植栽されたという。西欧ではこれらの2種は都市樹木として広く用いられており、線路わきなどに繁殖分布すらしているので環境適応性が広いとして推奨されたのであろうか。

　市区改正という都市改造により生まれたのが日比谷公園

図4　松と桜の江戸時代の緑化を継承した銀座の街路樹
（東京銀座新栽花王清開之図（一陽斎豊国））

（1903年）である。東京に限らず日本の大きな都市を、火災にも強く、欧米並みの近代的なまちに改造しようというのが、市区改正条例（1888年）の目的であった。主として道路網の整備と、不燃化建築すなわちレンガ造の建築に加えて公園もつくられた。日本庭園と芝生広場を組み合わせた和洋折衷のデザインは、大阪の中之島公園の整形花壇も同様で、当時の公園設計を語る貴重な事例だ。開園当時の日比谷公園（写真1）を見ると、日比谷側の入り口付近にアカマツ Pinus densiflora らしいものがあるほかは、植栽樹木は庭木を集めてきたようにも見える。公園植栽とはいっても、庭の植栽の延長のようだったのだろう。樹木も小さく緑陰が少なかったため、夏には（日射病による）撹乱公園と新聞紙上で揶揄された。芝生の広場もあったが利用に慣れていなかったためか、すぐに裸地化してしまったようである。

写真1　日比谷公園の開園初期の植栽景観
落葉樹、常緑針葉樹などが混ざり、庭木の公園樹への転用といった様子がうかがわれる。中央左奥に首かけイチョウらしき大木が見える。植え込み部分の植栽密度は高いものの、園路や広場も多く、緑陰が少なく感じられる。

　公共緑化の幕開けとして、都市緑地の整備で近代化を象徴したもうひとつの設計例は、新宿御苑（1906年）であろう。内藤新宿試験場と新宿植物御苑をベースにした英国風形式庭園を思わせる広い芝生と大きな樹木、フランス整形式庭園の様式を取り入れた仕立て樹形のモミジバスズカケノキ Platanus × acerifolia の列植など、都市の緑地にふさわしい改造デザインであった。当時御苑の掛長であった福羽逸人（1856-1921）がパリ万博に菊の大作りを出品した折に、ベルサイユ園芸学校教授のアンリ・マルチネ（1867-1936）に御苑の改造と設計指導を依頼し、4年後に完成している。東京農林学校（後の帝国大学農科大学）の園芸学担当を兼務していた福羽は、欧州園芸の実情にも触れ、植物御苑苑長となり、多種多様な内外の樹木や草花を園内で栽培しその特性や日本への適合性の研究もしていた。当時の東京市から街路並木の改良を依頼され、スズカケノキの挿穂やユリノキ Liriodendron tulipifera の実生苗を育成し東京の街路樹3万4千本計画に供給された。

　明治神宮外苑は、明治天皇とその皇后、昭憲皇太后の遺徳を永く後世に伝えるために、明治天皇の大葬儀が行われた旧青山練兵場葬場殿のあった場所につくられたものである。全国からの寄付金と献木、青年団による勤労奉仕により、聖徳記念絵画館を中心にそれに続くイチョウ Ginkgo biloba の並木、青少年の体力の向上や心身の鍛錬の場また文化芸術の普及の拠点として憲法記念館（現明治記念館）などの記念建造物と、陸上競技場、野球場などのスポーツ施設がつくられた。途中

関東大震災で中断することはあったが、1926年に竣工した。明治神宮造営局の主任技師だった折下吉延により絵画館前のイチョウの並木でビスタを形成する緑化手法が提案された。高木の列植は格調のある整然とした都市づくりに欠かせないということだったのであろう。ここにプラタナスとイチョウによる都市緑化の時代が始まるのである（写真2）。

一方、明治神宮内苑の御造営では、ドイツ流の植物生態学の成果である下種更新による植生遷移を期待した森づくりの手法が導入された。全国から寄付された大小さまざまな279種約10万本が運搬され勤労奉仕により植栽された。この作業は大掛かりなものであり、当時の植栽技術の水準を知る貴重な資料として写真が残っている（写真3）。しかし一つひとつは、庭園植栽技術の大規模化であり、伝統的、経験技術の集合でもあった。造営の技師として参加した上原敬二（1889-1981）は、後に、150年はかかるだろうという予想より短期間で自然に近い森になったと述べている。あまり当時の記録に残っていないが、井伊家の下屋敷があったこの地は、淀橋台地の一角で火山灰の堆積した平たんな地形であったことから大きな土地造成の必要が少なく、土壌が著しく改変されなかったため、植生の成立と発達に不利な条件とならなかったことが影響したのではないかと考えられる。神宮の森の最近の土壌調査でも、豊かな土壌生物相の存在が確認されており、火山灰土壌特有の保水性と透水性のよい典型的な理化学性とともに、自然土壌が順調に形成されてきたことを示している。

関東大震災の後の帝都復興事業（1923年）では、横浜の山下公園がよく知られるが、ここでは火災に強く潮風にも強いと考えられていたマテバシイ *Pasania edulis* などの常緑広葉樹が植えられたことが目新しい。またこの公園は横浜のレンガ街の崩壊で発生した瓦礫を捨てるように埋め立てた場所につくられたものである。今日の震災廃棄物の緑化への活用にも参考となる事例である。震災復興公園である文京区の元町公園（写真4）では、樹木の防火機能や公園というオープンスペースの避難機能を期待し、飲用も可能な水景施設が導入された。防災公園の始まりである。

緑地計画の樹立と展開

産業革命後の西欧の近代都市では、人口集中と大気汚染や河川の水質汚濁などによる環境悪化を解消するため、都市の

写真2　新宿御苑内のプラタナスの並木（左）と神宮外苑の絵画館前のイチョウの並木（右）
欧化政策は緑化のデザインにも影響し、新宿御苑におけるプラタナスの並木と幾何学式庭園の導入、明治神宮外苑の絵画館前のイチョウ並木のビスタによる景観形成は、自然風景式の曲線美に慣れた当時の人々に強い印象を与えただろう。

写真3　明治神宮内苑の植栽工事
アカマツやスギが散見される武蔵野台地の一画に造成された。大規模土地改変がなされたようではないので、新規火山灰層の保水性に富み水はけもよいこの土は、樹木の生育に適したものであったろう。天然更新を目指した自然林の成立は当時の専門技術者の予想を上回る早さで完成した。

写真4　震災復興公園
東京文京区の元町公園（1930年竣工）は、水系施設を設置するなど、災害時に対応したデザインになっている。

無秩序な膨張拡大を抑制するグリーンベルトを、外周部に環状に配置し、さらにその外のサテライトシティで人口増加の圧力を吸収するという考え方が提案された。田園都市という魅力的なニュータウン計画をここに導入した英国では、このような考えのグリーンベルトが成功するのであるが、東京では23区の外側にニュータウンを計画的に配置するという大胆な構想は当時にはなく、環状緑地を設けることに主眼が置かれた。戦争がより現実的になってくると防空緑地というように名称を変えて時代の要請に整合させ、グリーンベルトをなんとか実現しようと模索した（図5）。しかし戦時下では緑地を確保するための土地買収に予算を振り分けられる余裕はなく、残念ながら東京緑地計画は実現できないまま、その後、農地から宅地へと姿を変えていった。

復興と緑化

戦災復興土地区画整理は、1949年ごろから全国の都市で展開され、街路の拡幅を中心に整備が進められた。公園緑地では、運動場や児童遊園などを市街地面積の10％以上を目標に系統的に配置する、市街外周では農地、山林、原野、河川等の空地の保存を図るために緑地帯を指定し、そこから市街地内部に楔状緑地を整備するなどの構想が提案された。戦後の混乱期で公園緑地の政策が力強く進められるには困難な状況であったが、児童遊園や小公園の整備が進められていった（写真5）。

日本経済が復興から成長へと向かうなかで、社会資本の整備では、住宅については当時の日本住宅公団が、道路については日本道路公団が、工業団地は産炭地域振興事業団（後の地域振興整備公団）などの特殊法人が事業を進めていくことになった。居住環境では、中層住棟に正午を含む4時間の日照を確保した、東西並行配置によって生み出されたベランダ側の芝生と、プライバシー確保の遮蔽生垣、妻側の高木による修景植栽に加えて、児童公園と近隣公園の均衡配置など、総中流化社会を象徴する住宅地環境の確保が主要課題であった。道路の走行環境では、中央分離帯の幻惑防止植栽、走行車線曲線部の視線誘導植栽、法面のエロージョン防止のための種子吹き付け急速緑化工法などの機能植栽を多用した道路空間の整備が行われた。工場地帯では、大気汚染、騒音・振動を緩和する工場団地の機能植栽など、あらゆる場面で生活・

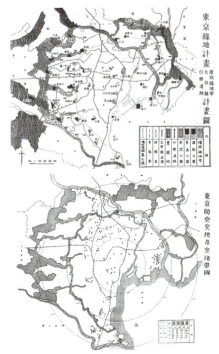

図5 東京緑地計画[1]（上）と防空緑地計画[2]（下）
市街地の拡大膨張を抑え込むための環状緑地計画は、時代に応じて防空緑地として名前を変えるが、戦後の住宅地需要の圧力で環状緑地は切れてしまう。

写真5 入谷南公園
戦災復興公園の設計が始まり「遊び場の研究会」が発足する。その成果として東京都台東区に入谷南公園が1957年に落成した。コンクリートの山、土の山という斬新な施設は2013年のリニューアルでもその雰囲気を残している。

生産空間の効率化と機能化を目指した緑の技術開発が進められていった（図6）。

戦中・戦後の混乱期に都市施設や仮設住宅によって占拠されていた都市公園に対しても、公園としての利用と整備を法の下に秩序付けようということで、1956年都市公園法が整備された。子どもの遊び場を底辺とするレクリエーションの観点から公園のヒエラルキー体系が充実し、各種の都市公園の整備が急速に進んだ。

国土の開発が進むなかで、1962年地域間の均衡ある発展を目標に、拠点開発方式を具体的手段とする全国総合開発計画が作成された。これに基づき、新産業都市や工業整備特別地区などが構想されたが、都市の過密化、産業公害等の弊害などが次第に顕著になっていき、また大規模土地造成が全国で展開されるようになり、緑化困難地が各所で出現し、劣悪環境に強い緑化が主流となっていった。

都市の高度・高密化と緑化の技術化

戦後復興した日本の経済力や、国力を世界に示すため、東京オリンピック（1964年）は絶好の機会であると考えられていた。大会用にスタンドの客席数を増やした旧国立霞ヶ丘競技場の周辺は、当時は緑がまだ貧弱で、サブトラックも苦労して用意するなど、相当無理をしていた（写真6）。そして2020年には、東京オリンピック・パラリンピックを迎える。新国立競技場は、明治公園の保全と渋谷川の復元という困難な課題を自ら背負った。国家的イベントという追い風で、合流式下水処理方式の宿命である頻発する豪雨時の下水の溢流による都市河川の水質悪化と悪臭をどこまで解消できるのであろうか。不透水面への緑化による雨水流出抑制と水質浄化は、今日では世界的にも注目と期待が集まっている。

1964年のオリンピック後、旧国立競技場はスポーツの聖地となり、各種のスポーツイベントに加え、コンサート会場としても人気が高まった。1年間に150回以上、すなわち2日に1度は使われるという高頻度の利用となり、フィールド内の芝生を良好な状態で維持するため、高度な芝生管理技術の検討と開発が進められた。また2002年のワールドカップを機に、常緑芝生を前提とするサッカー人気の高まりとテレビ中継による注目で、日本を代表する品質水準の高い美しいスポーツターフが求められていった。その結果サンドベッド

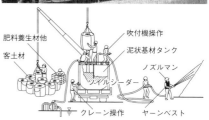

図6　造成法面への急速緑化工法の開発と展開
西洋牧草種子と客土材に肥料と養生材を加えた泥状の基材を高圧で吹き付けるという緑化手法は、道路法面などの大面積を短時間で緑化できる手法として開発され、大量生産の高度経済成長の時代に普及した。その後、日本在来の草本や地域性種苗を用い環境調和型の工法へと展開していった。

写真6　旧国立霞ヶ丘競技場
（1964年東京オリンピックのために拡張されたスタンド）
旧競技場建設当時の外苑の樹木群の貧弱さに驚く。新競技場ではこれだけの緑がいつごろまでに成立するのだろうか。

（砂主体の芝生の床土）の導入、西洋芝の3種混合と夏芝への冬芝の追播技術へ、発展、展開した。ラグビーワールドカップ日本開催（2019年）ではハイブリッドターフ（人工芝と天然芝の混合）が認められ、日本のスポーツターフはビッグイベント開催を契機に、水準を高めていくのである。

1964年のオリンピックのマラソンコースとなった甲州街道にはケヤキ Zelkova serrata の街路樹が整備され、本格的な車社会を迎え都内の道路も拡幅され街路の植樹帯化が進んだ。当時不足していた都内の駐車場を整備するため、この駐車場の上に保全された渋谷の宮下公園にも新たにケヤキが植栽された（写真7）。

写真7　宮下公園
東京代々木体育館に近い渋谷のこの周辺は1964年の東京オリンピックのために道路の拡幅事業が進められ、公園の改廃が検討されたが、駐車場の上に人工地盤を残すことで保全された。新たな公園には、相当数のケヤキが植えられた。街路樹にもケヤキが多用され、東京オリンピック以降の都市緑化は、ケヤキの時代だったといってよい。当時、都市内で大量に発生した建設残土の赤土を用いて植栽基盤を造成した。短い工期のため、降雨時の水分の多い状態での盛土転圧が行われ、土壌構造が破砕され透水性の悪い基盤となり、ケヤキの大半が枯死してしまった。そのため植え替えにはケヤキの株立ちものを多用し、植え傷み発生への対策とした。この手法は成功し、立派な植栽景観へと成長した。2018年、渋谷駅周辺の再開発事業により公園は改廃された。

超高層の建築技術が開発され、1974年新宿の淀橋浄水場の再開発地に新宿三井ビルが建設された（写真8）。超高層からの圧迫感を意識させない工夫として、ケヤキの大木が植栽された。大型の重機による大木移植の時代が始まった。経験的植栽技術の機械化といえるものであった。高度経済成長はケヤキによる都市緑化の時代であった。

都市機能の拡大は、住宅地を膨張させた（写真9）。近畿圏や首都圏の低地から始まった市街地は、台地へと上り、さらに丘陵地へと拡大していった。尾根と数次の谷戸の間に形成された変化に富む斜面地形のヒダが支える生物多様性と、縄文時代からの人の営みとの豊かな関係が繰り広げられてきた丘陵地の里山を、無秩序な宅地開発から守るため、ニュータウンが計画された。都市人口の急増を吸収するために丘陵地の台地化という大規模土地改変型の宅地造成も初期にはあったが、次第に落ち着き、ベッドタウンからニュータウンへと高機能型の新市街地が形成され、緑の保全と創出にも秩序が表出されるようになっていった。多摩ニュータウンでは、大規模造成と、樹林地保全のモザイク模様が見える。丘陵地での大規模宅地造成は、植生と土壌の消失にとどまらず、その下の表層地質の改変も進めた。土壌層の下の地質の出現は、造成後の緑の回復が困難な地盤を露出させた。改正都市計画法に表土保全という考え方が導入されたのは画期的なことであったが、事後処理的な対応であり、本質的な自然保全型の手法ではないということで、計画段階で地形地質の変化を予測し、その変化に対して合理的な土地利用と建設計画を行うという手法の開発が提案された。それは、植生、地形、土壌、地質の組み合わせからなる自然のユニットを把握し、マクロ

写真8　新宿三井ビル（1974年竣工）
超高層の時代が始まり、都心景観が変貌する。ビルにアクセスする人々への建物からの圧迫感を軽減するため、ビル前庭の広場の緑陰を兼ねた大径高木を植栽する設計が採用された。近郊の屋敷林の中から選ばれたケヤキの大木を夜間にトレーラーで都心の現場に搬入し、明るい時間帯に立て込む。このビル前庭の下には、駐車場、貯水槽、発電などの建築施設が埋設されており、樹木は人工地盤となる大型のピットに植栽された。万一枯れても同じ大きさの樹木は植え替えができないため、慎重を期して建物竣工の1年前の植栽工事となった。植栽技術の大型化と機械化が始まった。

写真9　金町駅前団地の竣工時（1968年）の植栽景観と20年後の様子
大造成はしていないが低湿地だった立地を反映してか、樹木の成長はよいとはいえない。大規模面開発の団地景観に対応できる緑の景観となったかどうか。

なユニットからミクロなユニットによる土地自然システムの上に敷地計画を行い、緑化ではそのユニットごとに植栽基盤の整備手法を対応させるという方法である。従来型の造成開発地と大規模造成を避けた土地の上への施設配置とでは、当然後者のほうが、自然のポテンシャルを低下させないことが示された。

新たな土地を求めて臨海部へと拡大した都市機能は、埋立地への工場や住宅地の整備を促進した。工場立地法や港湾法の改正（1974年）により緑を導入し、敷地の一定割合の緑化を求めるようになり、成木によるランダム植栽、山採りもの、実生育苗による植林的手法、ポット苗の密植による生態的緑化手法などが提案された。潮風の樹木への影響の強さを判定する風衝形の解析手法と、緑化のための各種環境圧改善手法が開発され、全国で展開されていた臨海部の緑化に適用された（図7）。これらの技術が確立すると、潮風に強いクロマツの緑化だけでなく、臨海部独特の多様な緑をつくる手法へと展開が進み、台風による激甚被害が頻発する沖縄海洋博記念公園での亜熱帯緑化（1975年）、東京湾で最も潮風が強いといわれる浦安市での、それまで緑化分野では難しいとされたトピアリーや園芸草花、西洋芝を導入した東京ディズニーランドの建設（1983年）などが注目を集めた（図8）。

オリンピック以降、学校体育や企業スポーツ活動が盛んになり、運動競技場、野球場、テニスコート、体育館などを備えた運動公園が全国でつくられるようになり、公園施設の水準を一定レベル以上に維持する必要からも、都市公園技術標準が作成され（1980年）公園設計に利用されるようになった。

庭木の時代には個性が尊ばれた樹木に対して、公共事業で

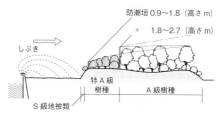

図7　臨海埋立地への都市基盤の拡大と植栽技術の開発
潮風を遮断克服する緑地帯の形成と、それを支える臨海部特有の植栽基盤の造成が主要な課題であった。緑化対象地の潮風の影響強度は、樹木群の樹冠トップの風衝形の曲線が鋭いか、緩やかかによって判定できる。その結果をもとに樹種選択、植栽密度、配植の決定という緑化計画の主要な内容が決められた。
東京湾の埋立地は、浚渫土の処分、サンドポンプによる海底土砂の噴出撒き出し、都市廃棄物と建設残土のサンドイッチ堆積などの工法により造成され、内陸から運搬された土砂の投入による場所はほとんどない。

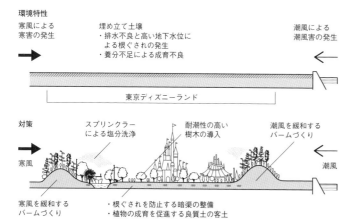

図8　東京ディズニーランド
潮風が強く緑景観の形成が最も難しい場所であった東京湾最奥部の東京ディズニーランドの造成。浦安地先のこの場所は旧来の干潟や低湿地であり、サンドポンプにより最終的に埋め立てられたところである。海底土砂の高濃度の塩素イオン、透水性が低く、保水性の小さい基盤は、改良なしには植栽が成立しない場所として認識されていた。山砂を主体とする良質土の大量盛土、敷地外周部を囲む厚い防潮風植栽の設置により夢の国を彩る緑の景観を成立させた技法は、画期的なものとして注目された。

は材料の均質性と規格の厳格さが求められるようになり、1988年公共用緑化樹木等品質寸法規格基準が設定された。技術のマニュアル化が進む一方で、標準とは異なるものを排除するという、行き過ぎた画一化への疑問も指摘された。

多彩な成果をあたり前のこととして受け止め、それを享受する利用者が増えることによって機能性を重視してきたそれまでの都市緑化は、1970年代後半から80年代に入ると、事後処理が中心の環境対策型から、緑化後の先を考える環境重視型へと変化の兆しを見せ始める。

花と市民参加

経済成長がピークを迎えたころ、1990年に国際花と緑の博覧会が大阪鶴見緑地で開催され、誰もが予想しなかった2,300万人余の入場者を迎え入れた（写真10）。男庭といわれることのあった日本庭園やその流れをくむ都市公園が、造園からガーデニングという言われ方で女性も参加する緑へと劇的に変化した。ひ弱で手間がかかり、荒々しい都市環境には不向きだと思われていた花や園芸植物を、公共空間の景観材料として使う工夫や資材が開発され商品化された。全国都市緑化フェアも、従来の男庭の見本展示型から変化し、インテリアとエクステリアの融合したデザインが出品されるようになり、花と緑がフェア会場の外の市街地に進出するようになった。花いっぱい運動や、学校花壇づくりを超える花のまちづくりを競う場面が育ち始めた（写真11）。

1994年都市緑地法が施行され、緑の基本計画が法定計画となり、街区公園、都市林、広場公園という公園の多彩化とともに、一人あたり$10m^2$の公園面積を確保する目標を掲げ、さらに緑を守り、つくり、育てるソフト、ハードの技法を体系的に地域で展開する試みが進んだ。都市緑化も、都市の緑量を増やすことと同時に、緑の機能効果をうまく発揮させることも目的として重視されるようになった。公共緑化だけでなく、市街地にあって面積の多い民有地の緑化にも関心が向けられ、それらをどのように進めるかの制度的展開が図られるようになった。

そうした中で発生した1995年阪神淡路大震災（写真12）は、市街地における直下型地震の破壊力の激甚さとライフラインの途絶えた都市生活のもろさを示すと同時に、緑の延焼防止や樹木による家屋倒壊防止の役割を目の当たりに示すことに

写真10　花博のデザイン
1990年の国際花と緑の博覧会は、主催者の予想を超える2,300万人の来場者を迎えた。世界最大の花といわれるラフレシアという目玉展示もあったが、それまでの公園の花壇とは異なるデザイン手法や、立体花壇という新たな提案など、専門家も感心した斬新な手法が、花を街へ引き出すきっかけとなった。またガーデニングの流行にもつながった。

写真11　都市緑化への草花の導入
ガーデニングへの関心の高まりは国際花と緑の博覧会の成果といってよい。毎年の全国都市緑化フェアでも、街中に緑と花を積極的に導入する試みが盛んに行われるようになった。

第1章　緑の技法　その多様な展開　17

なった。ボランティア活動が生活復旧支援に大きな役割を果たしたことも、以降の市民の社会参加への意識をより積極的なものへと変えた。

自然再生と景観の時代へ

地球規模の環境変動への対策として、気候変動枠組条約による京都議定書（1997年）は、2015年の新たなパリ協定が結ばれるまで、緑による温室効果ガスの吸収に関して、都市緑化も削減目標の中に位置付けた。都市の緑にグローバルな意義が存在することは将来にわたって期待されるだろう。地球温暖化に加え、夏季の都市の暑熱化は熱中症患者の増大を深刻化させ、人工排熱やエネルギー使用量の増大を抑制する方策が求められた。緑化は直接的、間接的な方策として有効だという認識に立ち、東京都は、2001年東京における自然の保護と回復に関する条例を改正し、敷地面積1,000m^{2}以上の建築物に対し、敷地の20％の緑化を義務付け、それには屋上も含めてよいとする条例改正を行った。特に屋上緑化は建物の熱負荷を緩和し省エネルギーにも貢献するという技術的な研究成果が増えたことも後押しした。市街地の中で、どの場所を重点的に緑化することが有効かを考えるため、建築の床面積規模、空地率の割合などから、熱環境マップを作成し、著しい暑熱化が予想される地域から優先的に緑化を推進するという計画論的な検討もなされるようになった。

拠点開発、大規模プロジェクト、定住、交流ネットワーク、参加と連携と開発方式を発展させてきた全国総合開発計画は2010年から2015年の第5次全国総合開発計画（五全総）に相当する国土のグランドデザイン版をもって、社会資本整備

写真12　大震災と庭木
倒壊した家屋をかろうじて支え、避難空間を確保した庭木のアカマツ。

写真13　自然再生と緑化

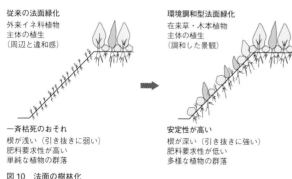

図10　法面の樹林化
法面の樹林化は二酸化炭素の固定を少しでも期待したいという要求から温暖化対策の一環として導入された。さらに生物多様性保全が打ち出されると、郷土種と呼ばれる在来草本や地域種苗として生産された木本類も使用されるようになった。法面緑化も時代の要求を反映して技術開発が進められた。

図11　室内空気浄化機能をもたせた壁面緑化
空気清浄機で除去しきれない汚染物質や極微量の物質を植物とフィルターと水の力で除去しようという試み。

の束ね役を終える。森本幸裕京大名誉教授の言う、20世紀は自然の終焉の時代であり、21世紀は自然の復興、再生を図る時代へと変わるということのひとつがそのとおりになったということでもある。それは都市においてこそ重要な課題になると主張したい。緑化も、自然再生、景観・環境形成の時代に入ったということである（写真13、図10、11）。

サッカーのワールドカップの大会が韓国と日本の共同開催として決まり（2002年）、FIFAの求める常緑の芝生で試合を行うという条件が、芝生造成と管理技術を激変させた。四季の変化の大きい中緯度地域では、冷温帯のヨーロッパあるいは亜熱帯の南米とは異なり、一年中緑を維持できる草種や維持管理技術がなかったからである。大会開催が予定されていた埼玉スタジアムでは、ソイルヒーティングあるいはアンダーヒーティングと呼ばれる地温維持手法を導入して、年間を通して緑のターフを維持する試みが導入された。ぶっつけ本番で採用されたこの技術が成功するかどうか、助言を求められた筆者も関係者と一緒になってかたずをのんで見守った。結論的に言うと、技法は良かったが自信をもって施工することへの躊躇があったからか、技法の長所が十分に発揮できなかったように思う。常緑スポーツターフの造成は、その後、寒地型草種の3種混合播種と暖地型芝生へのウィンターオーバーシーディング（追播）による切り播替えという技術へと発展し完成して行く（写真14）。

環境への関心の高まりは博覧会へも波及する。「愛・地球博」（2005年）は環境博として、"自然の叡智"をテーマに、市民参加とリサイクルを強く押し出したものであった。自然や緑から得られる、知的、機能的サービスをどのように活用するのかの知恵を出そうということで、そのひとつにバイオラングという巨大な緑化壁が建てられ、入場者に対する夏の暑さ低減の実証実験がそのまま展示物となった。電光掲示板のプラズマディスプレイや人工芝の広場は昼夜とも表面放射温度が高いことが示された。

都市緑化が市街地の暑熱化を緩和する効果は、CADによる市街地モデルの作成と、表面温度の予測が可能となったことで、可視化することができるようになった（図11）。可視化技術や映像技術の発展は目覚ましく、市街地の緑視率を現場で手軽に実測できるような、簡易なカメラも商品化され、これらの研究の発展を支援している（写真15）。

写真14　埼玉スタジアム
芝床に埋設された配管内を流れる水温をコントロールし、常緑となる芝草の生育促進を図る工夫。

  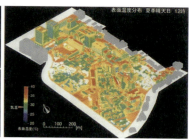

図11　都市緑化による都市構造物の表面温度の緩和
表面放射温度のシミュレーションの精度が上がり、緑化による微気象緩和効果を予測できるようになった。

　緑化による環境改善や自然再生を現場に適用しようとする技術的試みも盛んになっていった。緑の環境緩和機能のひとつとして、各国で共通して注目されているものに、屋上緑化による雨水の流出抑制効果がある（図12）。屋上に降った雨を一時に下水や河川に流さず、流出開始時刻を遅らせ、屋上からのピーク流出量を抑制できることから、都市型洪水の緩和機能が認められ、緑化のための助成制度へと発展させる例は米国の各都市に存在する。さらに水質改善効果もあることから、都市河川の汚濁負荷を軽減させるとしてグリーンビルディングの要素技術に取り入れられている。

　自然再生型の緑化では、造成法面への、周辺樹林からの散布種子の補足と発芽促進を兼ねた表面保護材が考案され、素朴な発想でありながら有効に機能しているということで技術認証された（写真16）。

　緑化は緑視率を増大するだけでなく、市街地の緑景観や感じのよい環境をつくる、という緑化本来の機能が注目されるようになり、ある企業のビルでは、バラによる壁面緑化が施され注目された（写真17）。開花時期には歩行者が足を止めるほどの香りをあたりに漂わせ、都市におけるアロマスケープという新しい分野の可能性が注目された。

　壁面緑化は、虎ノ門ファーストガーデンの事例のように、環境省が実施する「京都議定書目標達成特別支援無利子融資制度」を活用した物件として注目される事例も出てきた。面的緑化による温室効果ガスの吸収源としての効果が無視できないということだ。

　自然再生、景観・環境緑化への志向は、緑化を助成し、表彰することにより、広く社会に発信しようという制度にも影響を与え、受賞対象業績が里山の保全活動、市街地の農地、

写真15　機器の開発
緑視率は歩行者が感じる緑の量を示す値としてふさわしいといわれていたが、現場で容易かつ正確に測定する方法の開発が待たれていた。

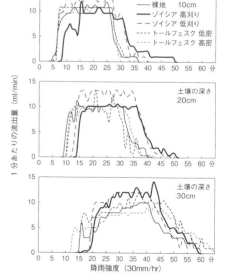

図12　屋上緑化による雨水流出抑制効果
市街地内の自然集水域や人工集水域の源流に近い場所の建物の屋上を集中的に緑化すると、雨水流出量を抑制し、流出開始時刻を遅延する効果がある。

写真16 種子補足を可能にした法面緑化工法
周辺からの散布種子の補足と発芽促進をねらった資材。

写真17 壁面緑化による街角の雰囲気改善
バラを用いた壁面緑化は都市園芸の新たな方向として注目された。

図13 大手町の森
都市における森林再生の新しい手法。プレフォレストという実物大の樹林形成試行を現場に導入した。

コミュニティ施設への緑化、河川の自然再生への取り組みにまで拡大し、緑化の概念を変えた。これには生物多様性基本法（2008年）や関連するイベントとしての、生物多様性条約締約会議や「都市における生物多様性とデザイン」(URBIO) などが名古屋で開催され、その成果が注目されたことの波及も大きい。

市街地の都市建築物への緑化でも、「大手町の森」のように、プレフォレストという実物大の試行を行い、それを現場に移動することにより、より充実度、完成度を高めようという考えが実行された（図13）。自然保全と自然再生を都心部で実現しようという大胆な試みが注目され各方面から評価された。

技術を論じるときに、決して避けられない出来事が東日本大震災であった（2011年）。それまでの科学技術への信頼が自然の大きな営みの前で、もろくも崩壊してしまったということである。科学技術が人びとの幸せと進歩に貢献できるのかというこの重い問いかけに対して応えられる能力をもち合

わせていないので、緑の技法を論ずるこの場面では、震災廃棄物の緑化基盤への利用というすぐに対応できる事例を紹介しておきたい。震災で発生した廃棄物を分別し、その特性に応じて、緑化基盤へ利用してみようという提案である（図14）。成長する緑の基盤にかつての生活資源や資産を活用することが認められるのであれば、東日本大震災以降、熊本地震やその前の広島の土砂崩れ、鬼怒川の洪水など、途切れることのない居住地への自然災害で発生する災害廃棄物への迅速な対応は緑化という分野に向けられた急務なのである。

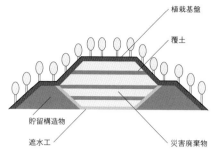

図14　震災廃棄物の緑化基盤への利用
廃棄物最終処分場と同様の形態を造成し、沈下・ガス発生が収まるまで立ち入り制限とし、その後公園緑地として利用。

持続的発展と緑化

　1964年の東京オリンピックは、戦災復興した日本の国際社会への再参加という意味をもっていた。東京2020オリンピック・パラリンピックは、成熟した日本が世界にポジティブな変革を促し、それらをレガシーとして未来へ継承していくことをコンセプトにしている。国際政治の二極化が崩壊し、無極化した混沌を政治力では修復できていない今日、オリンピック・パラリンピックという世界的な国際イベントは、多様性の調和を実現する誘引力となるのであろうか。私たちはその力を信じ、Tokyo Green 2020というイベントを3年連続で開き、東京に緑のインフラストラクチャーを描き、それを時間がかかっても実現する方法を模索、提案している。晴海選手村では、LEEDやCASBEEなどの環境認証を受け内外に発信することにも積極的に取り組む計画としている。短期には、選手、観客として東京オリンピック・パラリンピックに参加するすべての人への"緑のおもてなし"を実現することを掲げている。

　成長することが本質である緑に思いを向けると、例えば森林機能の持続性は下種更新や萌芽更新によって支えられ、花のまちづくりは多年草の使用によって次第に充実し本物になってゆく。森林の構成種、まちづくりへの参加者の世代交代がうまく進むには、固定的な見方をしないことが肝要である（図15、16、写真18）。

　持続可能性という言葉が国連環境会議で提案されたときも、経済社会や産業構造の将来にわたる存続が発端であり、その実現方策としての循環や高効率が議論の中心であった。しかし議論が拡大するに従い、次第に目先の利益や現状の維持という意味へと矮小化し、いまの産業社会を存続させるにはど

図15 高機能型薄層緑化の基盤構造
植木鉢やプランターの中にもミクロな生態系が形成される。屋上緑化は大きな植木鉢のようなものである。高性能で安定した基盤とすることで薄層でも自然基盤と同等の機能を発揮できる。

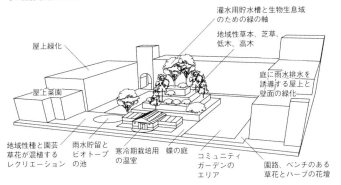

図16 アーバンファーミングと緑化
屋上や壁面と地上の庭との間に連続した水の流れを設けることで、農と自然の機能を再現することもできる。

写真18 太陽光パネルの設置器具に芝生を植えられるように開発された資材
空気浄化装置を兼ねた室内の壁面緑化。循環型灌水装置も導入されている。
再生可能エネルギーを使えればさらにインパクトのあるものになろう。

うしたらよいかという議論に偏向していった。

　日本は先進国の中でも際立って急速に少子高齢社会へと入っていった。このことを強調するあまり、日本の都市は、成熟した状態を経ずに衰退に向かっているという議論もある。シャッター商店街や空地や未利用地の目立つ地方都市を見ると、本当にそうなってしまうのかという不安に襲われるだろう。しかし、1964年の東京オリンピックの時の高度経済成長がまさに始まろうとしているときの人口にまで減少するのは、いまのままのトレンドでもまだ20年先のことである。緑と共生する都市へと成長する新たな技法を開発しなければならない。緑が成長エンジンとなる社会を目指したい。

〈参考文献〉
1）日本公園緑地協会：東京緑地計画（環状緑地帯　大公園　行楽道路）計画図．公園緑地　第3巻第2・3合併号．1939年3月
2）日本公園緑地協会：東京防空空地及び空地帯図．公園緑地　第7巻第4号．1943年6月

環境を把握し評価する

緑の機能とは

　緑の機能には物理的機能と心理的機能とに大きく分ける考え方や動植物の生育・生息環境の保全、防災・減災という生活の安全性にかかわるもの、レクリエーションの場の提供、ストレス緩和、健康増進といった具体的、個別的な機能に注目することもある。これらの機能にどの程度の価値や大きさがあるかということに関心が移るが、機能の評価の意義や評価方法について議論が進められている。「評価」の国語学的な意味は、物の価格を決めること、値踏みであり、人びとがもっているさまざまな尺度で価値を決めるということだ。評価をする主体の違いや、主体をとりまく社会や時代の背景によって価値は異なってくるという相対的な特徴をもっていることがわかる。

　緑の価値について時代の流れで見ると、近代化以前は庭園や植木に注目が集まっていたので、緑の価値は心理的なものに重きが置かれていた。生活資源という見方をすると、薪炭となるエネルギー材としての価値が大きかった。エネルギー革命後はペレットストーブのような熱効率を考えたエネルギー利用、暖房、料理、装飾まで考えた家具の一部としての多機能性をもったストーブのエネルギー源としての薪などは、緑とはやや距離のある対象物として存在しているように感じられる。生物生息環境の場としての緑地、生物多様性の保全、地球温暖化防止へのマスとしての緑の役割といった価値が、むしろ身近な緑の問題として意識されているのが現代であろう。

　現代社会では緑の個別的あるいは分化した機能として、緩衝緑地による公害抑制機能、ヒートアイランド現象の緩和、防災機能としての延焼防止、防潮、避難所の機能といったものに注目が集まり期待されるようになった。ハードな構造物によって成立してきた文明の集積であるグレーインフラに対して、グリーンインフラという相対的にソフトなインフラとの共生によってバランスをとるという発想にも関心が注がれるようになってきた。

このような緑のもつ多様な機能を保全しつつ、人間の活動の高度化、効率化を図りたいという要求をどのように達成するのか、実現できるのかという問題を解決する手続的方法論として提案されてきたのが環境アセスメントであり、計画段階でのミティゲーションという考え方である。予定されている開発による影響を少なくするために、開発により環境のどの部分に影響が出るのか、環境要素を選択し選択された項目に重点を置いて、環境影響を具体的かつ詳細に予測評価するというスクリーニングや、開発計画にさかのぼって計画を見直すあるいは修正するというミティゲーションや開発後の環境保全措置の有効化などでは、それぞれの対応が環境保全に対し、どの程度意味があるのか、回復できるのかという評価が重要になってくるのであるが、最新の知見と技法が日々示されており発展途上にある。保全すべき生物の重要な生息場所を回避する計画とするとしても、計画対象地全体として影響はどうなるのか、緑の機能としてしっかりと保全されることになるのか、という評価の問題に取り組んでいる。

緑の機能を保全する制度

制度論的に緑を評価し保全する仕組みのなかで、都市レベルのものに緑の基本計画がある。緑に関する施策を体系的に位置付けているので計画的かつ系統的に緑の保全・創出を図ることができる。そこでは計画の中で緑の機能を評価し、保全の優先順位に反映させている。生物多様性基本法に関する施策としては、国家戦略あるいは地域戦略としての具体策があり、実行に移されつつある。

行政だけでは限界があるということで、市民や企業による緑の保全や創出への活動が評価されるようになり、行政制度や社会の仕組みのなかに組み込まれるようになってきた。まちづくり協定や市民緑地制度、トラスト制度などが初期のものである。民間の独自の努力や成果を評価し、社会に広く知ってもらうことでそれをさらに拡大しようという動きもある。社会・環境貢献緑地評価システム SEGES (Social and Environmental Green Evaluation System) という認証活動、花のまちづくりコンクールのような表彰事業により緑を評価、奨励するという事業も積極的になってきた。

①ノルウェー　⑦ドイツ　⑬日本　⑲ベトナム　㉔オーストラリア
②フィンランド　⑧ポルトガル　⑭韓国　⑳マレーシア　㉕ニュージーランド
③スウェーデン　⑨スペイン　⑮中国　㉑シンガポール　㉖カナダ　㉙コロンビア
④英国　⑩イタリア　⑯インド　㉒フィリピン　㉗米国　㉚ブラジル
⑤オランダ　⑪UAE　⑰香港　㉓インドネシア　㉘メキシコ　㉛アルゼンチン
⑥フランス　⑫南アフリカ　⑱台湾

図17　環境性能指標を運用している国

成果評価から性能評価へ

　建築環境総合性能評価システム CASBEE (Comprehensive Assessment System for Built Environment Efficiency) は、米国の LEED (Leadership in Energy and Environmental Design) や英国の BREEAM (Building Research Establishment Environmental Assessment Method)、フランスの HQE (Haute Qualité Environnementale) などによる建築や開発計画地域の環境価値や性能をある一定の指標に則って評価する方法が提案され (図17) 世界的な広がりを見せていることに刺激を受け、日本にふさわしい内容をもった認証制度として開発されたものである。そこでは緑に関する評価指標も組み込まれており、例えば建物の屋上緑化、周辺の植栽の部分、ビオトープの創出など、建物の周りの環境として緑地環境がどれだけ確保されているのかという内容が含まれている。さらに緑の機能と関連の深い敷地内の雨水浸透能力が高いか低いか、生物生息基盤となる表土が保全されているかどうか、といったことも評価指標になっている。最近ではさらに数量的評価についての検討も加わり、屋上、壁面、ベランダの緑についても具体的に評価しようという段階になっている (図18、19)。

　建築や土地は経済価値をもった資産としてとらえられる場面では、環境性能評価で評価された物件は、環境不動産という概念を付加され持続可能な環境価値の高い不動産と定義され投資価値の評価のための判断材料になっている。投資対象としてではなく、取引対象物件として環境価値が重要な意味をもち始めている。ディベロッパー、テナント、投資家の力を使いながら健全な投資活動の対象として環境不動産と呼ばれる環境価値の高い不動産を都市内にストックしていこうと

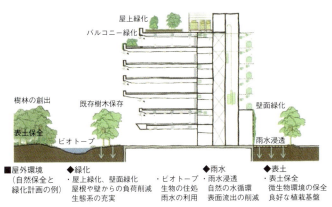

図18 敷地内や建物の緑化、雨水や表土などの保全、創出

図19 総合的な水の有効利用の手法

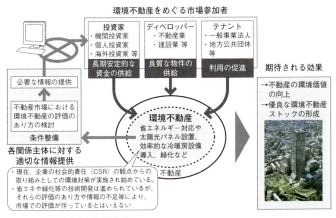

図20 環境不動産をめぐる市場参加

いう取り組みが進められている（図20）。

緑の評価と経済政策

　環境に配慮した建築、すなわちグリーンビルディングと呼ばれるものにどれだけ資金が投資されるかが成功のカギになる。それに関して国土交通省から提出された報告書の中で、環境不動産投資への関心は今後、総じて高まるだろうという記述がある。新たな金融取引の方法がグローバルに展開し経済の好循環が見えてくるようになると、一方で将来の規制に対する潜在的なリスク回避についても考えるようになり、不動産価値の下落を防ぎ、さらに向上を目指したいという欲求が出てくる。そのとき、環境不動産は長期的に見ると入居率の維持に貢献してくる、環境負荷を低減する性能はエネルギーに関するランニングコストを削減できるので、不動産の資産価値を下げないという潜在力があるということになる。居住系だけでなく、事務所系の不動産販売の広告でも、緑の

多さ、環境のよさを前面に押し出したものが増えている。交通至便と坪単価が安いということだけでは賃貸あるいは購買意欲を刺激しなくなっているからだろう。環境不動産の資産価値は、コストの削減に始まり、入居率の向上につながり、長期的にはブランド力の向上に集約されていくと考えられており、CASBEEのSランクを取った物件にブランド力があるという時代になってきた。投資家の間でもそのようなことが言われ始めている。緑の価値が経済分野にも広がってきたということだろう。

グリーンインフラとしての価値

　震災を繰り返し経験し、『復興・国土強靱化における生態系インフラストラクチャー活用のすすめ』という報告書が日本学術会議から出された。緑の機能の内容や効果は、一点集中型ではなく、多彩で柔軟なことが災害時の経験からも知られるようになってきた。道路や鉄道、河川、港湾のような社会資本については国土開発のなかでしっかり議論されてきたが、緑地のインフラとしての整理は十分なされていない。土地利用計画や敷地利用において、自然環境の有する防災機能や敷地の自然的特性が発揮する水質浄化等の機能を人工的なインフラの代替手段や補足の手段として有効に活用しようという考え方は欧米のほうが先行している。学術会議の報告では、人工物のインフラと生態系インフラでは、人工物インフラは河川は水を流す、ダムは水を貯留するといった単一の機能に特化したインフラであるのに対し、生態系インフラは多機能性が特徴である。例えば緑の防潮堤は高潮や津波に対する防潮機能にプラスして生物の生息場所としての機能であったり、修景機能であったりと、多くの機能が集積したインフラとしての役割がある。さらに、不確実性への順応的な対処ということで、想定よりも大きい影響にも対応できる。人工物インフラは想定した計画の目標値があり、それを超えると機能しないということになるが、生態系インフラでは減災という機能によく表現されるように、構造物として半壊しても、その後の自己修復機能が働き、順応的な対応ができるという特徴をもっている。また環境負荷の低減や回避効果も人工物インフラにはない機能である。

　インフラ整備の事業として見ると、人工物インフラでは建設時の短期的雇用創出はあるが、生態系インフラでは建設時

の雇用規模は大きくなくとも緑の維持管理やマネジメントがその後に発生し、そこで雇用が生まれてくる。地域に経済波及効果があるといえる。

各国の事例

米国では、屋上緑化あるいは雨水浸透道路等もグリーンインフラの範疇に入れている。雨水処理の量的管理、質的水準の維持、ヒートアイランド対策のひとつとして都市域におけるグリーンインフラの活用方策をまとめている。ニューヨークを見ると、2.4億ドルの投資を決定したというような話もある。EUでは、生態系インフラは災害リスクの軽減と復興の場面で応用され、ドナウ川流域では生物多様性保全と災害対策を目的として約20万haの氾濫原湿地の自然再生が予定されているという。日本は、河原の自然ダムとしての効果、都市部では古くは東京都江戸川区の古川親水公園などがグリーンインフラの初期の成果といえる（写真19）。

国連などで議論されている生態系を基盤とした災害リスクEco-DRR（Ecosystem-based Disaster Risk Reduction）の低減は、2010年代になり実行に移そうという機運が高まっている。生態系インフラをグリーンインフラと呼ぶことにより理解が正しく拡大すれば、公園緑地以外の新たな緑の創出につながる可能性が高まる。今後は緑への市場価値の付加、都市経済活動に及ぼす便益機能の評価と、インフラとしての位置付けへの認識が深まることにより、緑の保全と創出が多彩に展開されるだろう。

写真19　古川親水公園

自然現象の読解
変化予測と緑の生活

　生物を観測することで季節の進み方や気候の違いや変化などがわかるため、気象庁では気象観測以外に梅や桜の開花など生物季節観測も行っている。気象の解説をするうえでは、こうした生物観測も大切で、普段外を歩くときには、空ばかりでなく、植物や動物などの変化にも敏感になっている。このような気象の専門家から見た、天候や生物の変化と緑とのかかわりについて述べる。

日本の気温上昇

　さまざまなメディアで地球温暖化や異常気象といった言葉が目立つなかで、実際どのくらい気温が上昇しているのだろうか？　1898 年から 2015 年までの日本の年平均気温では、100 年で約 1℃ の上昇となっている。これは都市化の影響が少ない観測地点の値であるため、約 1℃ はおおむね地球温暖化の影響と考えられる（図 21）。

　一方、都市化の影響が大きい東京では、100 年で約 3℃ の上昇と上昇率が高い。約 3℃ のうち、1℃ が地球温暖化の影響と考えると、残る 2℃ はヒートアイランド現象、都市化の影響と考えられる。東京に関しては、地球温暖化が 1℃、都市化の影響が 2℃ であるため、都市化の影響が、地球温暖化の 2 倍であるといえる。東京では、地球温暖化よりも都市化の影響のほうがより大きく気温を押し上げているのである。

大雨・異常少雨の増加

　最近は雨の降り方がこれまでと変わり、激しくなっていると感じられている方も多いのではないだろうか？　1 時間に 50mm 以上の非常に激しい雨の年間発生回数では、年による増減があるが、全体として次第に増えていることがわかる（図 22）。さらに大雨警報が発表されるような 1 日の降水量が 200mm 以上の発生回数を見ても、次第に増えていることがわかる（図 23）。

　気温が上昇すると、空気中に含まれる水分量が多くなるので、ひとたび雨が降れば、激しい雨や大雨が降りやすくなる。

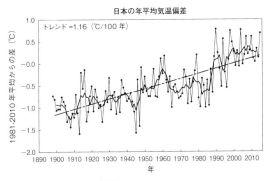
図21 日本の年平均気温偏差

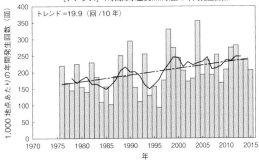
図22 非常に激しい雨発生回数

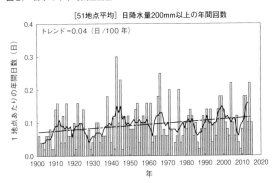
図23 大雨発生回数

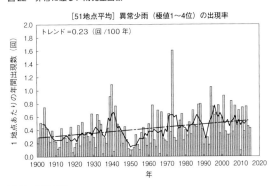
図24 異常少雨

今後、このまま地球温暖化やヒートアイランド現象が進むと、一段と大雨による危険性が高まると考えられている。

こうした大雨が増えている一方、異常少雨も増加している。異常少雨とは月の降水量が30年に1回程度の少なさになることを表していて、年による差も大きいが、全体としては年々増えてきていることがわかる（図24）。

では、大雨も増えて、異常少雨も増えているとはどういうことなのだろうか？ これは、雨の降り方が極端になってきているといえる。降るときは災害をもたらすような大雨が増え、降らないときは長い期間ほとんど降らないことが増えてきているのである。場所によって大雨になったり渇水になったりすることが多くなると、今後、緑への影響も大きくなっていくことが予想される。

桜開花・満開

桜の開花は、昔と比べて早くなっていると感じられている方もいるのではないだろうか？ 桜開花の平年差を全国平均で見てみると、年による差は大きいが、全体としては早くなっていることがわかる（図25）。1953年以降10年で約1日早くなっている。桜開花が早いということは、だんだんと春の

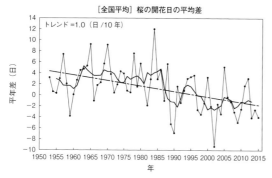
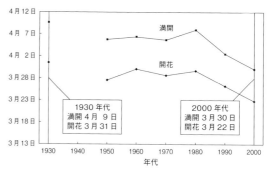

図25 桜開花　　　　　　　　　　　　　　図26 東京の桜

訪れが早くなってきているといえるかもしれない。

　長い観測の歴史がある東京での桜開花・満開を見てみると（図26）、1940年代は戦争の影響で観測がなく、1930年代は、開花が3月31日、満開は4月9日であった。現在、平年の開花が3月26日、満開が4月3日であるため、1930年代は平年より開花が5日、満開が6日遅かったことになる。次第に開花、満開とも早くなっていることがわかるが、2000年代では、開花が3月22日、満開が3月30日となっている。昔は入学式のころが桜満開であったが、最近は花が散り始めるころが入学式で、卒業式は開花するころに移り変わってきていることがわかる。

　今後はどうなるのであろうか？　このままのペースで計算していくと、2050年代には開花が3月21日で満開が3月26日、2100年代には開花が3月16日で満開が3月21日となる。ちょうど卒業式のころが満開になり、将来の記念写真は、卒業式と桜が定番になるかもしれない。

かえで紅葉

　春の訪れが早くなっているが、秋の訪れはどうなっているだろうか？　かえでの紅葉で見てみると、秋の訪れは遅くなってきていることがわかる（図27）。かえで紅葉の平年差を全国平均で見ると、1953年以降、10年で約3日遅くなっている。桜の開花が10年で約1日早くなっていることを考えると、春の訪れが早くなる以上に、秋の訪れが遅くなっているといえる。春が早く、秋が遅くなることは、夏が長くなることを示している。

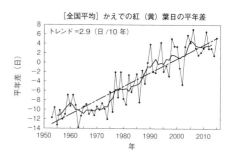

図27　かえで紅葉

　桜開花が早まり、かえで紅葉が遅れる傾向は、開花、紅葉する前の平均気温との相関が高いことから、こうした傾向は、長期的な気温上昇の影響と考えられている。

今後、地球温暖化が進んでいくと、季節は春が早く、秋が遅くなり、夏は長く変わっていくかもしれない。

天候変化と緑の生活

今後も地球温暖化が進むと、激しい雨が増え、異常少雨が増えることが予想される。また台風は、発生数が少なくなるが、勢力の強い台風が増えると予想されている。台風が日本に近づけば被害が大きくなるおそれがある。さらには季節変化の様子が変わる可能性もあり、それに合わせて緑の生活も変化していくだろう。

では、緑の生活ではどのような点に気をつけていけばよいのだろうか？　気温が上昇し、雨の降り方も変わるとなると、栽培種や栽培方法を変えていく必要があるだろう。現在、栽培に適した種類が、将来はもっと北の地で適するようになり、亜熱帯で栽培されていたような種類が、将来は広い範囲で栽培できるようになるかもしれない。また品種改良などにより、高温にも適するような品種が増えていくだろう。

緑の管理では、植物の種まきや植え替え、剪定などの時期を、今後はこれまでとは変化させることが必要になるだろう。どのくらい変化させるのがよいかは、場所によっても違うため、変化に対しては注意深く見ていくことが必要である。

また、突然の大雨や強い台風の接近によって、大きな被害を受けることも想定される。被害を受けてからのすみやかな回復方法についても今後は考えておくのもよいだろう。

気候が変化する中で怖いのが新たな病害虫である。気温上昇に伴って、熱帯や亜熱帯の病害虫が北上していくような傾向があり、今後はいままで見られなかったような病害虫が発生することも予想される。大きく広がる前に駆除することが求められ、広いネットワークによる情報共有が大切になるだろう。

今後はこうした変化に対して備えておくことが大切であるが、それ以上に大切なのは地球温暖化やヒートアイランド現象を防ぐ方策を急ぐことである。

緑には地球温暖化やヒートアイランド現象といった気温上昇を緩和する効果がある。植物は日差しを遮り、また蒸散作用などによって、気温上昇を緩和している。蒸散は、植物の水分が葉から水蒸気になって出ていく現象であるが、水分が水蒸気になる際、周りから熱を奪うので、気温が下がるので

ある。葉っぱ1枚や植物ひとつの気温低減効果は、ごくわずかであるが、たくさん集まると数値として表れるようになる。

夏季の緑地での気温低減効果については、明治神宮・代々木公園で、市街地との気温差が最大約6℃に及んだとの報告がある[1]。

屋上緑化の効果については、国土交通省合同庁舎の屋上庭園で、緑化した芝生面は、緑化していないタイル面と比べて、温度が約3℃低い結果が得られている[2]。屋上緑化は、建物内部への断熱効果もあり、省エネルギー効果が期待される。

建物の外側をつる性の植物でおおう緑のカーテンでは、日差しを遮ることで、室内の温度を上げにくくする効果がある。夏季の福岡市庁舎の調査では、緑のカーテンがあることで、室内温度を約2℃低減させる結果が出ている[3]。

このようにさまざまなスケールで緑による気温低減効果が示されている。今後、土地が限られた都市部では、スペースを有効に使い、いろいろな緑を増やしていくことが求められるが、緑地をより効果的に配置することも大切である。緑地の配置に関する研究では、緑地を分散させることで、冷却効果が広範囲に及ぶことが示されている[4]。さらに効果的に配置するには、風の流れを考慮に入れるとよいだろう。風は日々変わり、1日の中でも変化があるが、地域ごとに夏季の日中に吹きやすい風がある。こうした風を考えたうえで、効果的な場所に優先的に緑地を増やし、また海からの涼しい風を取り入れるなど、都市を冷やすには風の力を最大限に活用したい。

今後、地球温暖化やヒートアイランド現象を防ぐためには、個人レベルでは、電気の無駄を省き、エネルギー消費量の少ない活動を心がけるなど、できることは積極的に行い、地域や国レベルではさらに有効な方策を急ぐべきだろう。さまざまな人の英知と行動を結集し、将来はいまよりも豊かな緑の生活になっていることを願う。

〈参考文献〉
1) 浜田崇・三上岳彦 (1994)：都市内緑地のクールアイランド現象　明治神宮・代々木公園を事例として，地理学評論
2) 国土交通省 (2004)：「環境の世紀」における公園緑地の取り組み
3) 国土交通省 (2014)：未来につなぐ　都市とみどり
4) 岩本麻利ほか (2006)：大規模都市緑地周辺市街地におけるクールアイランドのネットワークに関する研究 (その1)，日本建築学会大会学術講演梗概集

共生社会をつくる

　筆者は、生態学の分野を大学院で学び、河川あるいは湿地の自然再生等の研究をしつつ、兵庫県立人と自然の博物館で学芸員と県立大学で講師をしているが、それ以前の学部時代の仕事が、20年以上経ったいまでも役に立っている。それは緑の地図化で、地図で評価し、ターゲットを決めしっかりミッションを果たす。それを実行するため、どのような考え方で何ができているかという内容を紹介したい。

　大学構内の芝生が傷んでいるのを見て、どうすればよいかを研究室のメンバーで考えたことがある。研究室の皆が丁寧なメンテナンスの作業をする、強い品種に替える、立ち入りを制限する、立ち入り禁止にするなどの意見が出た。しかし傷んでいるところの対策だけを考えるのではなく、芝生地全体の適正利用、個別の工夫の適正な適用をしっかりやることで、芝生を保全できるのではないかということを学んだ。総合的な判断と、それに基づいて計画する、環境科学のような見方が大事だということを知った。

　こうした経験もあり、緑のもつ多様な価値を地図化するという研究に取り組んでいる。例えば、神戸市の地図を示すと（図28）、水田と森林が隣り合ってまとまっている場所は少なく、山側にはたくさんあり、瀬戸内海に近い所にはほとんどない。こうして見ると、緑の施策のターゲットがよくわかる。市街地と里山に囲まれた水田は激減しているが、これを都市公園として整備し維持している。しかし、このわずかに残された田んぼのある所に園芸草花や外来の草を植えてきれいにしても、そうした生息可能性がないのでうまくいかない。まとまった水田を残し、その維持管理を市民と一緒に行うプログラムをつくり、その意味を理解してもらうような努力をしながら、行政の責任で計画をつくりそれを実行につなげることが有効であり、そのコーディネートをすることが博物館でのいまの業務となっている。

　都市公園だから市民に管理してもらわなくてもいい、税金で事業としてやったほうが関係の事業者も仕事になるからよいではないかという意見はある。しかし小さな身近な自然で

図28　阪神地域における森林と水田の分布（緑：森林、赤：水田）

残したいところは数え上げるときりがないくらい多い。環境省が行っている影響評価に関する業務で示された保護区の図面と、市民の手でつくられた小さな自然の希少種の分布図を重ねるとまったく合わないことがある（図29）。環境省の総合研究推進費で行った研究では、日本列島全部の淡水魚の保護すべき場所のうち、重要地点をピックアップして計算すると、ほとんどが都市域になり、山中あるいは郊外ではない（図30）。そうなると都市部の人の理解や取り組みがないと、重要な生息地や保護区は維持できない。これをうまく行うには、市民に丸投げするのではなく、市民の手を借りつつバランスを取りながら行ってゆく、という環境科学的な総合的な方法でなんとかしなくてはならなくなる。

地図をつくって、標本や地図データをもとに解析して対策を考える、こういった取り組みをどう展開するのかについて、これまで行ってきたことをいくつか紹介する。

緑の景観を定量的にとらえる

景観を図31に示したように、背景としてなじんでいる程度を測ってみた。そして風景全体がモネの絵、あるいはシニャックの絵のようにして、景観要素が風景になじんでいるかをとらえるための画像処理の指標をつくった。例えば里山の中に行ったら、風景が地になるようなところ、そういう場所をコンピュータシミュレーションで求められないかを試みた。

例えば芝生などは遠くまで行ってもテクスチャが非常に均等で、どの部分を見ても、また近くで見てもモネの絵のようになる。しかし樹木は逆に近くで見ると威圧感を感じるが、遠く離れてしまうと緑で一色になるような風景になる。これをPhotoshopを使った画像処理で、風景のテクスチャの複雑さを計量した。一定の距離を離れると風景はベタ塗りの感じになるので、キャンバスが白く無地になるような場所では一体生息可能性はどこにあるのだろうということをコンピュータに計算させてみた。

風景の写真をスキャナで取り込み、グレースケールで表現させる。輪郭を抽出していき、輪郭のピクセルを粗くしていく。モザイクをかけるという作業だ。モザイクを順に粗くしていったときの変化率を計算する。各モザイクすなわち風景がどれだけ離れたらモザイクになって地になるのかを計算す

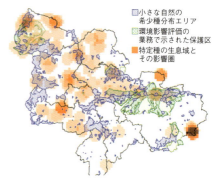

図29 丹波地域の希少植物の分布と保護区

図30 淡水魚を対象とした保護区の必要性と優先順位
環境省環境研究総合推進費による研究から（三橋）

図31 風景の一体性を定量評価する技法開発
周りの風景の「ベタ塗り度」が高い所のほうが、景観構成上「地」となるポテンシャルが高いのではないか。
画像の粗さを変えてゆくと、ベタ塗りになる度合いが、景観（この場合は植生のタイプ）の違いによって、画像の粗さ、すなわち対象から離れる距離が異なることが示されている

る。すると例えば、芝生では10m離れたら水彩画で塗ったような緑一色になる、竹林は100m離れても細かいギザギザした葉が見える。ではどれだけ離れたら地に見えるかを土地利用ごとに計算したところ、建物は640m、竹林は150m、二次林は84m、混交林は299mという結果が得られた。明らかになったこの距離をもとに、一帯の地域の中にキャンバスとして白く無地になっているところの生息可能性を計算していく、という作業を川崎市麻生区はるひ野で行い、卒論としてまとめた。

これを住宅地として開発される前と開発後の風景のなじみ具合がどれだけ変化したかをFORTRANでつくったプログラムで計算をすると、数値で出てくる。その結果をもとに、よく見えるようになった荒れた森では竹を伐採するなどの管理を施す、見えなくなった森には散策路を計画する。実はそうした提案が今日再び活用され、開発の景観計画で見通しをどうつけるかという点に使われている。環境省の環境アセスメントのガイドラインの作成でも、「自然とのふれあい」の項目で、この手法に関心が集まった。

生物多様性の地図化

東京都内のヒバリの生息適地で、1970年代の草地、草むらに住むヒバリの生息地は広範囲にあったものが、現在では川沿いと海沿いにしかない（図32）。東京湾の臨海部ではヒバリが生息できる可能性が残っていたにもかかわらず、計算し終わったときには、開発されてしまったという残念な状況もある。生物の生息可能性を地図化する、見える化しておくことにより、緑の配置計画に生かすことができるとよい。

斜面の崩壊リスク（図33）とコウノトリ *Ciconia boyciana* の分布予測（図34）にも、博物館で所有している情報を活用して、

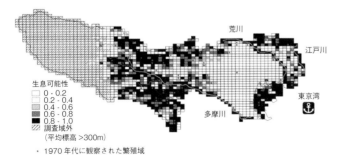

図32　生物多様性の地図化（1970年代のヒバリの潜在生息可能性地図）
過去の鳥類センサス調査および植生図からヒバリの潜在的な生息適地を計算

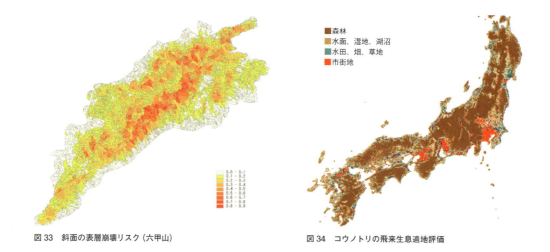

図33　斜面の表層崩壊リスク（六甲山）　　　　図34　コウノトリの飛来生息適地評価

地図化の作業をした。

流域と土地利用の変化

　流域という視点で見ると、土地利用が市街地になりやすい所はどこか、汚濁負荷が大きく、人口が密集している所はどこか、水源涵養の潜在力が高い所はどこか、サンショウウオのいる所はどこか等といったことがわかる。それらを計算して見える化し、小学校や地区の観察会で知ってもらう。地図化の作業と現場での生物保全や自然再生の作業、子どもたちと一緒に産卵場所をつくるというような仕事を博物館の業務として行っている。重要なのは、緑の管理を、地域の中にどう取り入れるかで、例えば兵庫県豊岡市のコウノトリの餌場づくりでは、作業は地域の中で取り組み、月に1回行っていると、地域以外の人からも興味をもった参加者が増える。地域の自然再生の取り組みは、どうそれを見せながらマネージするかが重要で、そこに効果が生まれる素地がある。

　地図化という作業はゴールではない。100万人の市民が参加できる緑の技法づくり、これが大切である。テーマ別の評価地図、小さな技術集、新しい考え方、市民が活躍・発表する場、これらをつくるのが博物館の仕事であり、もしくは公園の管理者、公園の事務所の方にとって大切な視点になる。それは、その場で、ここだけでなんとかするという科学ではなく、トータルとしてランドスケープで総合的に計画して管理する環境科学という分野になる。これを、より一層深めていきたい。

コミュニティガーデンと市民の緑意識

三鷹市の緑への取り組み

　読者は、東京都三鷹市にどんなイメージをおもちだろうか。新宿副都心から快速電車で20分、便利なベッドタウンという印象が強く、近年はマンション開発が盛んに行われている。利便性が高いにもかかわらず、かなり緑の豊かなまちというイメージもある。吉祥寺駅からほど近い都立井の頭恩賜公園のほとんどの部分が三鷹市域に入り、この公園の中には、世界的にも有名な三鷹の森ジブリ美術館もある。市の周辺部には、同じく都立野川公園があり、広大な緑のキャンパスをもつ国際基督教大学や国立天文台もあり、隣の調布市の神代植物園や深大寺も近い。さらには、野川、仙川、神田川の三河川、玉川上水が市域を横切るように流れている。こうした要素が、「緑と水の豊かなまち」三鷹市の印象を濃くしているのではないか（写真20）。

写真20　野川沿いの国分寺崖線の緑

　三鷹市はコミュニティ行政の歴史と実績をもっており、1970年代から市内七つの住民協議会を中心に市民参加による協働のまちづくりに取り組んできている。市民からの公募アイデアをとりまとめた「まちづくりプラン」をもとにした「緑と水の回遊ルート整備計画」により公園化が実現した3か所の三鷹ふれあいの里（大沢の里、牟礼の里、丸池の里）がまとまった緑を保持し、市民の憩いの場となっている。

　三鷹市の周縁部には前述の大面積の公園や緑地、3か所のふれあいの里などがあるものの、三鷹駅周辺の市街部分にはまとまった緑は多くなく、公園も大きなものが少ない（図36）。通勤利便性が高いゆえに地価が高く、公園用地の確保が難しいという面もあわせもっている。そして、1960年代中ごろから70年代にかけて宅地開発時に提供された100m²未満の小面積の提供公園が散在しており、狭くて遊具の整備もままならない公園も多い。しかし、狭いとはいえ貴重な公共空間なので、魅力をアップし、活用していくことが喫緊の課題となっている。

　三鷹市では「緑と水の公園都市」という将来ビジョンにつなぐため、こうした課題に取り組んでいる。

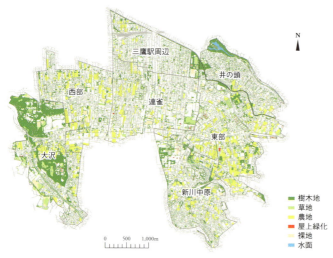

図36　三鷹市の緑と水のネットワーク

三鷹市のコミュニティガーデンの取り組み

　小さな公共空間を緑化して活用すれば、市内緑化の拠点として生かせるのではないか、という期待をもって2005年ごろからコミュニティガーデンづくりに取り組み始めた（写真21、22）。ちょうどコミュニティガーデンという言葉が全国的に注目され始めたころのことである。いまではコミュニティガーデンは「まちづくりの起爆剤」と言われるようになってきているが、取り組み初めのころには先進事例もそれほど多くなく、市民と協働で進めるにはどういう仕組みをつくり、どんな段取りで進めていくのがよいのか手さぐりの状況だった。つくったのはいいものの、維持管理してくださる方が定着せず、結局通常の委託作業で管理を行う緑地となってしまった箇所もある。当時は主役である参加者のことよりも、どんな花壇をつくってどんな植物を植えるかということに重点を置いてしまっていた。

　このような試行錯誤のさなか、都立公園内でコミュニティガーデンをつくった実績のあるコーディネーター、プランナーの方々にかかわっていただくことになり、多くのノウハウを伝授いただくことができた。

　それをまとめると以下のようになる。

・「コミュニティガーデンは地域の庭、みんなの庭であること」を市民に認識してもらう
・プランづくりから市民にかかわってもらうことで「場」への愛着が生まれる

写真21　コミュニティガーデンの活動

・参加する方々みんなの意見を集約したプランづくりを行う
・現地で考えるプロセスを大切にする
・花壇づくりの作業もみんなで楽しみながら行う
・維持管理の楽な植物を選び、無理なく楽しく作業してもらう（宿根草を多用した多様性豊かなガーデンをつくることにより、昆虫などの小動物とも共生でき、生物多様性の向上にもつなげることができる）
・作業のあとのティータイムでのおしゃべりが大切！

写真22　コミュニティガーデン整備の例（整備前）

　コーディネーターの方々のアドバイスによって、コミュニティガーデンづくりの手順が定まった。計画段階の最初に対象地の近隣のみなさんにチラシを配って集まっていただき、第1回のワークショップを行った。このときには、「市役所が何か難題をもってきた」という印象からか、腕を組んで話を聞く市民の方が多い。しかしお茶を一緒に飲みながら、近所の公園をよい空間にしていきたいというこちらの意気込みを笑顔で伝えることによって、気持ちが次第に打ち解け、一緒によりよい空間づくりを目指すということで、理解し合えるようになった。この新しい手順はいままでやってきた公園づくりのワークショップとは違うものであることを体感できた。

　こうして市民一人ひとりが自分たちの緑であることを実感し、愛でるようになって初めて、公園の緑は本当の意味での「緑」となる。さらには、公園や緑がツールとなって地域のコミュニティの中心として機能し始めるのである。参加された市民の方々に、コミュニティガーデンづくりから2年経っての感想を聞いたとき、「以前はご近所の方と顔を合わせても挨拶するくらいだったが、いろいろと立ち話をするような仲良しになった」とうれしそうに話されるのを見ると、造園技術者冥利につきる。コミュニティガーデンの本当の目的は、このように地域のコミュニティが確実につくられていくことにあったのだ（写真23）。

写真23　コミュニティガーデン整備後、みんなが集う空間に

　三鷹市では、後述のNPO法人とともにその後、7か所のコミュニティガーデン（公園での花壇整備事業）と、18か所の街かど花壇（地区公会堂や学校など公共施設の接道部分の花壇整備事業）をつくり、市民との協働による維持管理を進めている。

緑化意識の芽生え（参加意識の変遷）

コミュニティガーデンで緑のファンになった方々の中には、自分の家のガーデニングに大変熱心に取り組んでいただいたり（写真24）、市内の他の場所での緑化ボランティア事業に参加してくださる方もいて、小さなスペースでのコミュニティガーデン整備から全市の緑へと関心が広がり、市の緑化へと広がっていることが期待できるようになった。

「花と緑のまち三鷹創造協会」の創設

写真24　個人宅のオープンガーデン

まちを花と緑でいっぱいにするため、市民の活動を三鷹市内全域へと展開するようになっていった。三鷹市は2009年に「花と緑のまち三鷹創造協会」を立ち上げ、市民との協働で花と緑のまちを創造していく動きを本格的にスタートした。緑を通して市民をつなぎ、楽しんでいただきながら緑を増やしていくことを重点に、さまざまな事業を展開しているが、その柱となる事業として以下に示した三つのものがある。

(1) 市域全体への波及効果を狙ったガーデニングフェスタの開催

年に1回、ガーデニングフェスタと呼ばれる花と緑の祭典を開催している（写真25）。公募で自宅や市内のお気に入りの緑の写真を送ってもらい、冊子にまとめることで、市民一人ひとりが住宅まわりの緑化に取り組むことを推奨し、緑のファンを増やし、市域全体に緑の効果が波及していくことを目的とする。花壇ボランティア、緑のボランティアを中心に、市内で緑にかかわる市民が企画した展示やバザーの出店をする賑やかな催しを行っている（写真26）。

写真25　ガーデニングフェスタの様子

(2) 人材を確保するための講座の開催

緑のファンとなり市内の各所でボランティアとして活動する人材を増やすことを目的に、緑のボランティア講座、花壇ボランティア講座を中心に、いくつかの講座を開講している。緑のボランティア講座は、まちの中の緑や自然環境の知識や管理技術を学び、市内の樹林地や竹林、公園などの緑の管理を実践できる人材を育てることを目的とした全6回の講座である。花壇ボランティア講座は、通年の花壇作業の基礎を学び、コミュニティガーデンなどの運営にあたる人材を育てることを目的とした全10回の講座である。

写真26　ガーデニングフェスタでの緑のボランティアの活動

「花と緑のまち三鷹創造協会」の会員となっているメンバーは、これら緑のボランティア講座と花壇ボランティア講座の

二つの講座の修了生が多い。

(3) 花と緑の広場における活動

現在活動の中心拠点のひとつとなっているのが、三鷹市牟礼にある花と緑の広場である。約7,000m²の敷地に花畑や花壇が配され、市民と協会ボランティアが協働で花畑をつくるための作業をしたり、花壇づくりの実践を通して知識や技術を高めたり、仲間を増やす場となっている（写真27～29）。

今後の緑の技法

都市の中にあって人が集う公園緑地は市民にとって貴重な空間となっていく。市民と協働でまちをつくり、楽しんでもらいながら緑とかかわる人を増やし、人が集う公園緑地をつくっていくことが、本当の意味の緑化につながる。

改めて、三鷹市では市のパートナーとして「花と緑のまち三鷹創造協会」をつくって、市民とのかかわりを一層強め、市民にとって地域の庭となるコミュニティガーデンを推進している。

今後の緑の技法は、いわゆる造園学の中で、いままで求めてきた科学的な技法の向上を目指すとともに、ただ緑化するだけではなく、「愛でてもらえる緑化」につなげ、笑顔を広げ、住みよいまちづくりにつなげていくことが必要となる。

高齢化や少子化、国際化といった時代の流れのなかで、緑はまちづくりのツールとしてもますます重視されていくだろう。

人と人、人と緑のコミュニティをつなぐコーディネーター役を担う人材の育成が緑の技法としての重要な要素のひとつになっていく。

写真27 花と緑の広場、市民参加による種まきからの花畑づくり

写真28 広い空を望むことができる花と緑の広場

写真29 花と緑の広場花畑

街路の緑化および管理と行政・区民の協働

東京の一自治体のみどり行政が、いま、何をやっているのか、どういう状況なのか、どういう方向に進んでいけばよいのかについて紹介したい。

豊島区庁舎を紹介する。写真30が、2015年の5月にオープンした豊島区役所の本庁舎である。本庁舎といっても、区役所単独の建物ではなく、上層階は民間のマンションで、10階までが区役所となっている。この建物は、再開発の手法を使い、民間のマンションと区役所が一棟に合築され、官民が一体となった全国的に見ても珍しい事例となっている。この新庁舎は、環境政策を先導する環境庁舎という役割も担っており、建物全体を大きな1本の木としてイメージしている。具体的には、「エコヴェール」と呼ばれる建物をおおう植栽や太陽光パネル、事前に空気を循環し空調としての役割が期待できる「エコヴォイド」と呼ばれる10階までの大きな吹き抜け、屋上庭園（豊島の森）から2階ごとに設置されている「エコミューゼ」と呼ばれる休憩スペースへ外階段で伸びる緑の回廊がある。この区役所は、新国立競技場などで有名な建築家の隈研吾氏、ランドスケープについては、飯田橋アイ・ガーデンエアなどで有名な造園家の平賀達也氏、両氏の指導の下で完成した建物である。屋上庭園は、悪天時を除き、土・日曜日もオープンしているので、是非、気軽に立ち寄っていただきたい。

次に、豊島区の概要を紹介する。よく池袋は知っているが、豊島区は知らないとの言葉を耳にする。豊島区は、23区の北西部にあり、文京区、新宿区、中野区、練馬区、板橋区、北区に囲まれ、面積は約13km^{2}の小さな区である。人口は2016年4月1日現在、約29万人で、ドーナツ化現象で人が郊外に流出していた時代は減少傾向にあったが、現在では再開発事業等の影響もあり、新しい住民の流入で増加傾向にある。このような状況であるが、2014年、日本創成会議から、23区で唯一「消滅可能性都市」と名指しされた。区としても、そのままにしておくわけにはいかないため、区長をはじめ、全庁が一丸となり、子育て世代の女性にやさしいまちづくり

写真30　2015（平成27）年5月にオープンした豊島区役所本庁舎

を実現するべくさまざまな政策を行っている。概要に戻るが、緑被率は 12.9 ％、公園の数は 162 か所あるものの狭小なものが多く、一人あたりの公園面積が約 0.77m^2 と決して緑が豊かな区ではない状況である。しかし、都心部で緑被率を維持するのは非常に難しく、筆者が入区したときから緑視率に重点を置き、人の視点に立った緑化行政を行うべきだと考えていた。後の維持管理でも触れるが、ようやくいまになって、健全な緑を育てるという維持管理方針の変革により日の目を見てきたという状況である。しかし、ご存知のとおり、一人あたりの公園面積は 23 区で最下位である。区の木は、発祥の地として有名なソメイヨシノ。染井とはいまの駒込、巣鴨あたりで、江戸時代には、大名の庭園を手入れする植木職人や園芸品種を育種する植木の里があったといわれている。

続いて池袋副都心の動向を紹介する。区としては、池袋を中心に豊島区全体を人が主役となる街に変えていこうという大きな目標をもっている。そのなかで、2015 年、念願であった特定都市再生緊急整備地域に指定され、都市計画の特例により、規制緩和等を行い、民間を中心に再開発やリノベーション等で街の空間を再生していける麓にたどり着くことができた。さらには、「産業の国際競争力の強化及び国際的な経済活動の拠点形成を推進する国家戦略特区」に指定されたことにより、本区の目標である文化を充実させるため、文化を表現できるリアルな「場」を提供し、いろいろな意味で世界中から来ていただける「場」を提供する施策を展開している。

写真 31　JR 池袋駅西口前の街路樹（モミジバフウ）

ここから本題となるが、豊島区の街路緑化の現況を紹介する。道路には区道、国道等管理者によりさまざまあるが、今回は区道についてだけ説明する。豊島区の中で一番街路樹の本数が多いのがハナミズキである。これはバブル期の真っただなかのころから、日本人好みの花の姿と卵形樹形となる成長の遅さによる剪定管理の容易さを理由に多く植栽されていた。今日でも多く植えられる。二番目は、区の木でもあるソメイヨシノも含めたサクラ、三番目は、ケヤキとなっている。その他にプラタナス、イチョウ、トウカエデ、マテバシイ、また珍しいところでサンシャイン 60 の周辺にはアキニレが植栽されている。

写真 32　JR 池袋駅東口グリーン大通りの街路樹（ケヤキ、クスノキ、ユリノキ、エンジュ等）

その街路樹の一例を紹介する。写真 31 は JR 池袋駅西口ルミネ前のモミジバフウ、写真 32 は JR 池袋駅東口グリーン大通りの街路樹（ケヤキ・クスノキ・ユリノキ・エンジュ等）、

写真 33　JR 池袋駅西口アゼリア通りの街路樹（ハナミズキ）

写真33はJR池袋駅西口アゼリア通りのハナミズキ、写真34はJR山手線沿いの巣鴨サクラ並木通りのソメイヨシノである。

　街路樹は、一般的に夏の緑陰であるとか、大気の浄化であるとか、景観を向上させる等の機能のために植栽しているが、それらの機能を十分果たせていないと思われる街路樹も多く、街路緑化は非常に厳しい状況に置かれている。また、樹木は道路整備にかかわる多くの技術者にとって道路の飾りにしかすぎず、わずかな予算の中で、いかに見た目をよくするかに重点が置かれ、将来を見据えた計画がなされてこなかったひずみがいまになって出てきている。さらには、街路樹の倒木等の事故をよく耳にする。樹木は外的要因が悪くない、または、寿命でない限り、樹木自身で丈夫に成長できるが、現状はそうなっていない。

　いくつかの例を紹介すると、落葉等の苦情によって、通常の剪定時期よりも早く強剪定されたケヤキ（写真35）、先に紹介した池袋駅東口のグリーン大通りで、もともとは樹木の下の部分を歩けるようにツリーサークルでおおわれていた部分が根上りを起こしたため、歩行者の安全性だけを考えてアスファルトコンクリートで埋めてしまった例である（写真36）。

　それから、植桝だけを中心に見ると、植栽時のツリーサークルが残り、幹の根元部分を土系の舗装でおおっている例（写真37）、小砂利を樹脂で固めた例（写真38）、植桝がはっきりせず、縁石を根がもち上げている例（写真39）などもあげられる。いずれも、樹木にとってはよい環境ではない。狭い場所でそれなりの機能を確保しなければならないという高密度都市ならではの実情があるものの、本区では人が安全に歩ける歩道を確保するうえでも、樹木の根が十分に伸長できる土壌環境づくりを始めている。

　根が張れる土壌空間をつくるためには、十分な大きさの植桝、または、根が張ることのできる空間をつくる必要がある。現状では非常に小さい植桝が多く、水が入るすきまもないほど周辺が固められていて、車道側には根がほとんど伸長していない（写真40）。これでは、樹木の成長を阻害するうえに、倒木等の事故による損害も招きかねない。ようやく、その改善策として、人の歩ける空間を拡大すると同時に、空隙の多い土壌改良材を入れ、土壌環境の改良を図れるようになって

写真34　JR山手線沿いの巣鴨サクラ並木通り（ソメイヨシノ）

写真35　通常の剪定時期よりも早くに強剪定されたケヤキ

写真36　歩行者の安全性を考えてアスファルトコンクリートで埋められてしまった植桝　　写真37　幹の根元部分を土系の舗装でおおってしまった植桝

写真38　幹の根元部分を小砂利で埋め、樹脂で固めてしまった植桝　　写真39　植桝がはっきりせず縁石をもち上げてしまった根

きた（写真41）。

　このような改良をもとにして、緑の少ない本区では今後、公園などの起点となる緑を健全な街路樹でつなぐ、緑のネットワークづくりをしていこうと考えている。また、主要な駅から10分も歩けば住宅地になる。住宅地には広幅員道路がないため、なかなか街路樹を植栽することはできないが、住宅の庭木や生け垣等を街路樹に見立て、公園と結ぶネットワークができれば、と考えている。

　もう一つの課題である協働による維持管理について、少し触れたいと思う。

　協働とは何か？　辞書等によると、「同じ目的のために、対等の立場で協力して、共に働くこと」と書かれている。それは、ともに汗を流さなければいけないということだというのが、筆者の実感である。一昔前の行政は、協働に対し少なからぬ思惑があり、「協働」という言葉は、悪い言い方をすると「タダでの委託だな」というところが多々あった。いまの区民や学生たちは、ボランティアに対する意識が非常に高く、さまざまな社会貢献活動を行いたいと常に思っている。しかし、行政にはそれに応えるだけの地盤ができておらず、丸投げしたらいいぐらいの意識しかなかったため、協働という名の活動だけが行われている状況であった。このような状況は、活動する人たちの勘違いにより施設等の私物化になりがちで決してよい方向にはいかないものである。

　そこで、今回紹介する池袋駅西口駅前広場では、いままでと違った協働による植物の維持管理を実践している。そのきっかけは、先に触れた人中心のまちづくりのひとつである駅前広場の大改造計画であった。そこで、地元住民等を集め、ワークショップを開催したところ、広場にランドマークとなる高木などのシンボルがほしいとの要望が多く出た。そのとき豊島区は、環境モデル都市に立候補しており、環境をPRするシンボルを欲していたこと、地下街の躯体が浅いところにあるため、高木を植えるだけの土壌厚がとれないこと等の理由で、地元のキャラクターである「えんちゃん」というフクロウの親子のモザイカルチャーを制作することとなった（写真42）。モザイカルチャーは立体花壇とも呼ばれ、十分な土壌厚が確保できない駅前広場にとって最適な緑化手法であった。ここまでは、よくある整備の話であるが、池袋駅西口では、2011年のモザイカルチャー設置以降、欠かさず毎

写真40　非常に小さい植枡に植栽され、水が入るすきまもないほど周辺が固められていて、車道側にはほとんど根の伸長が見られない

写真41　土壌環境の改善を図るため、空隙の多い土壌改良材を充填している

写真42　地元のフクロウの親子のキャラクター「えんちゃん」のモザイカルチャー

週火曜日の昼休みに地元のNPO法人の呼びかけにより、商店会の会員、区民、池袋警察署、立教大学の学生、区役所職員等が集まり、清掃および植物の維持管理活動を行っている。さらには、NPO法人が独自に地域通貨のような役割をする券を発行し、活動をした人に配布して、別の場で生産している野菜と交換できたり、地域店舗の割引券として利用できたりと地域活動の士気を高める対策もなされていることが最大の特徴である。ただ、問題がないわけではなく、学生も多く活動しているものの活動の中心は高齢者となるため、しっかりと世代交代ができるような後継者づくりを行っていくことが課題となっている。

この活動へ加わることにより、持続可能な協働を行うためには、みんながそれぞれを信頼し合う輪が非常に大切であり、この先、人口がどこまで減少するかわからない時代のなか、自分たちの街は自分たちでよくするという行政に頼らない仕組みづくりを実践している。最近では、維持管理活動に地元の企業も巻き込んでおり、企業のCSR活動を生み出すなど、持続可能な活動への道を着実に歩んでいる。

最後に、今後都市の緑はどうあるべきか、また行政としてどのように携わるべきかを述べる。紹介した池袋駅西口の事例は、都市の緑が、行政主体で与えられる単なる緑化ではなくなってきていることがおわかりではないだろうか。池袋の大学に通学しサポーターとして参加しているある学生が、「人と人のコミュニケーションは直接的にとるものでも構わないけど、植物というのが間に入るとそのつながりがすごくやりやすくなる。自分たちが植えたものには当然愛情がわく。こういう力はどんどん利用したほうがいい」と話していたことがあった。税金を払っているのだからなんでも行政の責任にすればいいという古い考え方もあるが、都市部には潜在的に貢献したい、まちをよくしたいと思っている人がたくさんいる。植物のチカラを借りながら仕組みとフィールドさえあれば、いままでになかったつながりが生まれてくる。いま考えると、これが池袋駅西口を大きく変えることができたチカラだと思う。これからも植物のチカラを信じ、区民の意見に耳を傾けながら、枠にとらわれず仕事をすることで、地域に合った都市の緑のあり方を模索していきたい。

第2章

緑の技法　拡がる活動

縁の下の力持ち
土の中の土壌動物たち

　明治神宮の森をつくり 100 年以上が経ち、現在、大都市東京の憩いの場になっている。四季の変化や大きな木を見て癒やされる方も多いのではないだろうか。その一方、この森を支えている生き物が土の中に潜んでいることをご存じだろうか。落葉樹は春に葉を出し、秋に落とす。常緑樹も葉が一斉に落ちることはないが、更新されて古い葉は地面に落ちる。毎年、葉は落ちるが、森が落葉落枝で埋め尽くされることはない。土の中には微生物や動物が生息し、落葉落枝を分解し、これらの中に含まれている栄養塩を再度植物が使えるようにする。ここでは土壌動物およびその役割について紹介する。

　土壌動物と聞いて何を思い浮かべるだろうか？　ミミズ *Oligochaeta*、ヤスデ *Diplopoda*、アリ *Formicidae*、ワラジムシ *Porcellio scaber* はよく見る動物だろう。さらに小さい動物で、トビムシ *Collembola*、ダニ *Acari* など体幅が 2mm 程度の動物や線虫、原生動物など微小な動物が多数生息している。原生動物はサイズが小さいがその数は膨大で、土 1g 中に数万匹と圧倒的に多い。体のサイズが大きくなるにつれ個体数が減っていくが、線虫で $1m^2$ あたり数十万から二千万匹、ダニ、トビムシでは $1m^2$ あたり数万個体生息し、ミミズだと $1m^2$ あたり 100～500 個体が生息している。$1m^2$ 換算ではイメージしにくいため、青木ら[1],[2]は靴のサイズで動物の生息密度を計算し、一足ごとにどれだけの動物を踏んでいるかを紹介している。2013 年に明治神宮第二次境内調査の結果、クスノキ *Cinnamomum camphora*、シラカシ *Quercus myrsinaefolia* 林では、1 足ごとにダニで 220 個体、トビムシで 496 個体、ダンゴムシ *Tylos granulatus*、*Armadillidium vulgare* 24 個体を踏んでいることがわかった。土壌動物は、目に触れることの少ない落葉や土の中に生息しており、かつ小さいため、あまりなじみがないが、実は身近な動物なのである。

　では、どれくらいの種が生息しているのか？　実は、多くの種が土の中に生息している。これも明治神宮の森で見てみよう。第二次調査では、4 か所で土壌動物の調査が行われ、ミミズ類 9 種、ワラジムシ類 7 種、ザトウムシ *Opiliones* 類 2

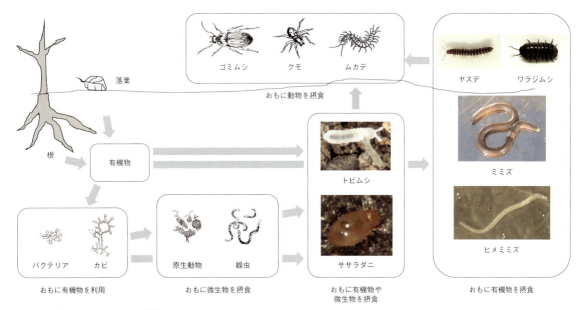

図1 おもな土壌微生物とそれらの食性

種、カニムシ *Pseudoscorpionida* 類 2 種、ヤスデ類 12 種、ムカデ類 24 種、コムカデ類 2 種、ケダニ類 18 種、トゲダニ類 21 種、ササラダニ類 52 種、カマアシムシ類 2 種、コムシ類 3 種、トビムシ類 50 種が記録された。線虫やさらに小さい生物の調査は行われていないため、実際に生息している生物の数はさらに多いことは間違いない。草木やチョウ類などの昆虫と異なり、小さく、地面に生息しているため、気がつかないが、実は多くの種が土に生息している。

　土壌動物の多くは分解者と呼ばれ、有機物や微生物を餌としている（図1）。その他、動物を捕食する動物もおり、以下、簡単に動物の食性を紹介する。原生動物、線虫はバクテリア、カビ、同じ原生動物や線虫を摂食している。線虫は植物に寄生する種もいる。ダニは大きく四つの分類群に分けられ、ササラダニはおもに微生物や有機物、トゲダニやケダニは同じ小型節足動物などを食べる捕食性が多い。ミミズ、ヤスデやワラジムシは落葉などの有機物を摂食する。ムカデ、クモやゴミムシはトビムシなどの動物を捕食する。

　トビムシやミミズは重要な役割をもっていることから、これら二つの動物群の役割を簡単に紹介する。微生物は落葉などの有機物を分解し利用するため、文字どおり分解者と呼ばれている。では、その微生物を摂食するトビムシやササラダニは分解にどのような影響を及ぼしているだろうか？　有機物を分解する微生物を摂食すると分解速度が落ちそうだが、

実は分解や養分循環を促進することが知られている。筆者らは、土の中のトビムシの生息密度を4段階に設定し、分解の指標である土壌呼吸速度や植物が吸収できる無機態の窒素の量がどのように変化するかを調べた。その結果、トビムシの生息密度が増加するにつれて、土壌呼吸速度や無機態窒素の量が増加することが明らかとなった（図2）。これは、トビムシが土の中の生物活性を高め、養分の循環を促進させたといえる。そのメカニズムとしてトビムシによる微生物の静菌状態や種間の拮抗関係の打開があげられている。植物や動物では水や栄養塩などの資源や餌の獲得競争が知られているが、土壌にいる微生物間でも競争があり、防御物質などを出して拮抗関係に陥っていることがある。トビムシは菌糸の摂食や移動時に菌糸を切断することで、微生物間の拮抗関係を崩すと考えられている。また古い菌糸を摂食することで、菌体に含まれる養分を再び他の微生物や植物が使えるようにすると考えられている。つまり、微生物の活性を高めることで間接的に有機物分解や養分循環を促進しているのである。トビムシは捕食性動物に食べられることで、ダニ類などの害虫防除にも貢献している。害虫を食べる動物は害虫だけを食べるわけではなく、いろいろな餌を食べている。捕食性動物は餌がなくなるとその場から移動し、いなくなってしまうが、トビムシという餌が豊富にあれば、その場に定着し害虫の天敵として居続けることになる。

　ミミズもトビムシと似た役割をもっている。個体のサイズが大きいため、1個体での影響はトビムシよりも大きい。ミミズは養分循環を通して植物の生育を促進させることが、過去の研究結果に示されている。このメカニズムは、有機物を摂食し、分解することで植物の生育に必須の無機態窒素を増やすためと考えられている。ミミズは土と有機物を一緒に摂食し、排糞したり体表から粘液を浸出したりすることで団粒構造を発達させる。団粒とは、土の粒子が引っ付いて大きくなった塊のことで、この団粒構造の発達した土は透水性、通気性がよくなる。通気性、透水性のよい土は植物にとって好適な環境のため、団粒を形成することで、植物の生育をサポートしているといえる。また、団粒内の有機物は非団粒中の有機物よりも分解が遅れると考えられている。つまり団粒が多くなればなるほど土に有機物が蓄積していくことになる。現在、問題となっている地球温暖化は、大気中に温暖化ガスで

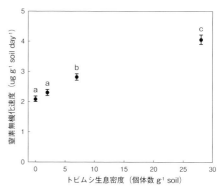

図2　トビムシの生息密度と窒素無機化速度の関係

ある二酸化炭素などが増えることが原因であるため、ミミズが団粒を形成することで土壌中の有機物の分解が遅れれば、温暖化を緩和する効果があるといえる。ミミズが土壌炭素動態に及ぼす影響はまだ十分には解明されておらず、今後の課題となっている。通気性、透水性や炭素動態はミミズが形成する団粒と強く関連していることから、筆者らは団粒の一つである糞団粒が1年間にどの程度ミミズから排泄されるのかを調べた。通常、野菜畑は耕すが、耕さないで栽培する方法もある。ある不耕起畑には、地表に糞をするヨコハラトガリミミズが優占しており、どのくらい表層に糞を排泄するか地表の糞を1年間採取し調べた。その結果1haあたりで3tもの糞を表層に排泄することがわかった。ミミズは土の中にも糞をすることから、表層に出す以上の団粒を形成していることになる。ミミズは植物生育や土壌に影響を及ぼすとともに、トビムシのように捕食者の餌となることで生物多様性維持にも貢献している。例えば佐渡でトキの野生復帰が試みられている。トキの定着を成功させるためには、餌の確保が重要となる。生態調査の結果、トキはドジョウ、カエルや昆虫などさまざまな餌を食べるが、ミミズも夏や冬によく摂食することが観察されており、重要な餌資源といえる。ミミズはトキなどの高次の栄養段階の捕食者に食べられることで、それらの動物を支えていることにもなる。

　明治神宮の森を例としてあげたが、身の回りの緑地にも当然多数の土壌動物が生息している。生産緑地、庭の植え込み、街路樹、さらには植木鉢や観葉植物に用いるハイドロボールにもトビムシが生息しているのを発見したことがあり、植物工場のように外部からの生物の侵入を制限している環境以外、植物があるところには何かしらの動物が生息していると思って間違いないだろう。さすがにハイドロボールに生息している動物が、植物の生育に貢献しているかわからないが、土壌に生息している動物は有機物分解や養分の循環などを通して植物の生育に貢献していると考えられ、知らず知らずのうちに私たちは土壌動物の恩恵を受けているといえる。

〈参考文献〉
1) 野村周平，河合智孝，亀澤洋，青木淳一，平野幸彦（2014）：皇居において枯木および枯木積にみられる甲虫相とその個体数変動，国立科学博物館専報　第50号，国立科学博物館，279-309
2) 青木淳一（2014）：皇居内に生息するホソタカム類，国立科学博物館専報　第50号，273-278

緑化樹木の環境適合性と温暖化の影響

　地球温暖化などの影響により、造園緑化樹木の地域適合性が大きく変化している。暖地性の、例えば沖縄原産のシマトネリコ *Fraxinus griffithii*、九州原産のハクサンボク *Viburnum japonicum* などは、耐凍性による植栽可能限界域を北上させ、南関東の低地〜丘陵地（東京都の立川・高尾まで確認）で防寒対策なしに普通に越冬するようになった。他方、もともと中間温帯に分布するモミ *Abies firma*、ナツツバキ *Stewartia pseudocamellia*、カエデ類などは、都内各所において、枯れ枝の発生、夏場の生育衰退などが目立つようになってきた。より寒冷な気候を好むイタヤカエデ *Acer mono* などは、西東京の国営公園で見られるように、虫害もしくは樹勢衰退が著しくなっている。

　大陸の東に位置し、その影響で降水量に恵まれた日本では、樹木の分布は「気温」で決定づけられる。それは、かつてリューベルが世界の森林帯区分に採用した「生育期間」、あるいは、アメリカ合衆国農務省（U.S. Department of Agriculture）の耐寒性区分である「ハーディネスゾーンナンバー（Hardiness Zone Number：以下、HZN）」で示される。これらの分布域が、気候変動の影響で北上し、暖地性樹木の分布拡大・寒冷地樹木の分布縮退につながっている。

　新たに創出される都市緑地において、気候変動を踏まえた「樹種の地域適合性」を把握することは、緑地の持続性を高めるうえで重要である。例えば、都心において持続林を形成した明治神宮においても、台湾から献木されたクスノキ *Cinnamomum camphora*、樺太から献木されたエゾマツ *Picea jezoensis* などが、気候に合わず早期に枯死している。そして、この明治神宮御造営から 100 年が経過し、年平均気温（約 2℃ 上昇）、日最高気温（5℃以上上昇）などに示される気候変動があり、いまなお進行中である。

　そこで、過去の気象データと自然植生調査資料をひもとき、気候変動を踏まえた現時点での緑化樹木の地域適合性について考察した。

地域ごとの温暖化傾向の把握

気象庁が公開している北海道から沖縄までの各観測点の過去の気温データから、生育期間とHZNを算出した。

生育期間は、「月平均気温10℃以上の月」の継続期間である。年変動誤差を小さくすることを目指し、1990年1月～2014年12月の25年間の気象データを、5年ごとに区切ってそれぞれの平均値を求め、採用した。

HZNは、月の最低気温（日最低気温の月平均）の過去10～15年の平均値である。1980年1月～2010年12月の30年間のデータから、10年で平均値を五つ求め、採用した。

生育期間とHZN、それに2014年末における気象観測点の位置づけ（地域・地形別）はおおむね表1のようになった。また、2014年末におけるHZNの分布を、かつての分布図とともに図3に示す。

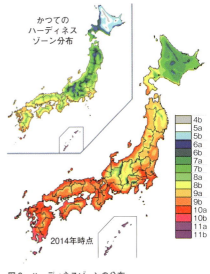

図3　ハーディネスゾーンの分布

表1　2014年末の各気象観測点のハーディネスゾーンナンバーと生育期間

HZN	6b	7a	7b	8a	8b	9a	9b	10a	10b	11a	11b
	−17.8～−20.5	−15.0～−17.7	−12.3～−14.9	−9.5～−12.2	−6.7～−9.4	−3.9～−6.6	−1.2～−3.8	1.6～−1.1	4.4～1.7	7.2～4.5	7.3以上
生育期間による気候帯		冷温帯			冷温帯・中間温帯	中間温帯	中間温帯・暖温帯	暖温帯	暖温帯・亜熱帯	亜熱帯	
北海道（宗谷・上川）	山地下部～沿海地										
北海道（留萌・空知）			丘陵地～沿海地	沿海地							
北海道（網走北見紋別・根室）		低山地～沿海地	沿海地								
北海道（釧路・十勝）	山地下部～低地	低山地～沿海地	沿海地								
北海道（日高・胆振）		山地下部～沿海地	沿海地								
北海道（石狩・後志）		低山地	低山地～低地	低山地～沿海地	沿海地						
北海道（渡島・檜山）				丘陵地～沿海地	沿海地						
北東北				低山地～内陸低地		沿海地					
南東北					山地下部～丘陵地	低地～沿海地					
北関東					山地	低山地～丘陵地	沿海地				
南関東						低山地～丘陵地	台地～沿海地				
北陸						低山地・丘陵地	低地～沿海地				
山梨／長野／岐阜				山地		低山地～丘陵地					
東海						低山地～丘陵地	低地～沿海地				
北近畿					山地	低山地～沿海地					
南紀						山地～低山地	丘陵地	低地～沿海地			
中国						低山地～丘陵地	低地～沿海地				
四国					山地	低山地	丘陵地	沿海地			
北九州							低山地	低地	沿海地		
南九州						山地	丘陵地～低地	沿海地			
沖縄											沿海地

温暖化傾向について、注目すべきは「沿海地」と「寒冷地」である。もともと海抜が低い沿海地は、HZNは高めになるが、暖海流が流れる太平洋や日本海沿岸では、海岸に沿った分布北上が見られるのに対し、寒流が流れるオホーツク海沿岸では、さほど顕著な分布変化が見られない。他方、このオホーツク海沿岸を含む北海道全体の温暖化は著しく、次いで東北地方という順であり、従来温暖地であった種子島屋久島以南では分布変化は小さい。

　この傾向を検証するため、海岸線から10km以内の観測点を「沿海部」、それ以外を「内陸部」とし、過去25年間の各気象観測点の動向把握を試みた。HZNが1ランク上がった観測点の数を、その地域の総観測点に占める比率で示したのが表2に示す結果である。

　図3に示す二つの分布域と、表2における比較検証期間は、一致していない。かつてのHZNは1990年以前の気象データを基にしている。にもかかわらず、前述した「沿海地」「寒冷地」では、温暖化傾向が再確認できた。したがって、以下は、表1、表2を基軸とした検証を進めたい。

　まず、温暖化には「暖海流」の影響が大きいことが示された。一つ目は、関東・北陸地方以北には暖海流（黒潮・親潮）の影響が顕著に見られること、二つ目は、一方で最も内陸に位置する長野県では、寒冷地ゆえ温暖化傾向が強いにもかかわらず、29観測点のうち6観測点（飯山・軽井沢・穂高・諏訪・奈川・南信濃）しかHZN上昇が見られなかった。東京都の沿

表2　1990年から2014年における温暖化傾向の地域差

地域	都道府県	沿海部			内陸部		
		全観測点	HZN上昇観測点	HZN上昇観測点の比率	全観測点	HZN上昇観測点	HZN上昇観測点の比率
北海道		89	48	54%	72	35	49%
東北地方日本海側	青森・秋田・山形・新潟	39	21	54%	53	17	32%
東北地方太平洋側	岩手・宮城・福島	20	11	55%	60	33	55%
北陸地方	富山・石川	13	5	38%	4	2	50%
関東地方山沿い	栃木・群馬・埼玉・山梨	－	－	－	45	19	42%
関東地方沿岸部	茨城・千葉・東京・神奈川・静岡	30	15	50%	29	9	31%
中部地方	長野・岐阜	－	－	－	52	12	23%
中京	愛知・三重・奈良	16	3	19%	13	8	62%
北近畿	福井・滋賀・京都・大阪・兵庫	19	7	37%	34	11	32%
南海	和歌山・徳島・香川・愛媛・高知	35	13	37%	22	3	14%
中国地方	鳥取・島根・岡山・広島・山口	40	8	20%	38	8	21%
北九州	福岡・佐賀・長崎	21	4	19%	9	1	11%
南九州	熊本・大分・宮崎・鹿児島（大隅半島以北）	38	14	37%	27	9	33%
薩南・琉球	鹿児島（離島部）・沖縄	9	1	11%	－	－	－
	平均	280	102	36%	386	132	34%

海地においては、ヒートアイランド現象の影響もあって、「東京・羽田・江戸臨海」の 3 観測点はいずれも 25 年間で HZN が 10a から 10b に上昇し、温暖化は現在も継続している。

　寒冷地については、新潟県を含む北海道と東北地方において、沿海地・内陸を問わず、全 333 観測点のほぼ半数で HZN の上昇が確認できた。

温暖化傾向が顕著な地域における適合樹種の検証

　植生分布については、環境庁委託の自然環境保全基礎調査のうち、各都道府県にわたって植生調査が実施された「第 2 回」「第 3 回」の調査結果を用いた。調査で出現した木本草本を、都道府県（水平分布）、気候帯（垂直区分）ごとにリストアップしたうえで、「同一都道府県内の垂直分布」「隣接都道府県からつながる水平分布」の 2 点に配慮し、調査時点での各地域における環境適合種を割り出した。これを 1990 年における HZN と比較し、樹種ごとの気象条件による分布特性の把握

表3　東京都における従来の外来種と現在の生育適地

樹種	学名	かつての都内生育適地	植生分布と1990年の気象データから割り出したHZN	2014年末における都内生育適地	温暖化の影響
タブノキ	*Machilus thunbergii*	東京湾沿いの沖積低地～台地下端	9a～11b	全域（今後も植栽可能）	分布拡大
ヤブニッケイ	*Cinnamomum japonicum*				
スダジイ	*Castanopsis sieboldii*	台地東縁～台地平坦面、丘陵の緩斜面	9b～11b		
モチノキ	*Ilex integra*	台地（区部～武蔵野）、丘陵地	9a～10b（11b）		
シロダモ	*Neolitsea sericea*	区部、段丘崖（多摩地方）	(8b) 9a～11b		
ヤブツバキ	*Camellia japonica*	台地（区部～武蔵野）、丘陵地	8b～11b		
ムクノキ	*Aphananthe aspera*	東京湾沿いの沖積低地～台地東縁～台地平坦面	9a～10b	全域（温暖化進行は影響）	分布西進
エノキ	*Celtis sinensis var.japonica*	東京湾沿いの沖積低地～段丘崖（区部・多摩）			
アラカシ	*Quercus glauca*	台地（区部～武蔵野）、丘陵地、山地下部（多摩西部～奥多摩）	8b～10b		
サカキ	*Cleyera japonica*	台地（区部～武蔵野）、丘陵地	7b～10b	全域（温暖化進行は影響）	分布拡大・西進
ウラジロガシ	*Quercus salicina*	山地下部	8b～10b		
エゴノキ	*Styrax japonica*	東京湾沿いの沖積低地～丘陵地緩斜面	8a～10b		
ヤマザクラ	*Cerasus jamasakura*	台地面・段丘崖～山地下部			
イロハモミジ	*Acer palmatum*	東京湾沿いの沖積低地～渓谷沿いや沢筋	7b～10b		
リョウブ	*Clethra barbinervis*	台地面～山地下部			
コナラ	*Quercus serrata*	台地東縁～山地下部	7a～10b		
アカガシ	*Quercus acuta*	台地東縁（区部）、山地下部	9a～10a	沿海地を除く（温暖化進行で西進）	分布西進
シラカシ	*Quercus myrsinaefolia*	台地面、段丘崖、丘陵の緩斜面、山地下部の沢筋			
ツクバネガシ	*Quercus sessilifolia*	台地（区部～武蔵野）、丘陵の緩斜面、山地下部の山腹～尾根（多摩、奥多摩）			
イヌシデ	*Carpinus tschonoskii*	台地東縁部～段丘崖、台地面、丘陵緩斜面、山地下部の沢筋（区部～奥多摩）	7b～10a		
イヌガヤ	*Cephalotaxus harringtonia*	山地下部			
アオハダ	*Ilex macropoda*	台地面～台地上で小高い場所、山地下部（区部～奥多摩）	7a～10a		
モミ	*Abies firma*	台地上で小高い場所（多摩）、山地下部	8a～9b	都内の都市緑化に不適	分布縮小
ツガ	*Tsuga sieboldii*	山地下部	7b～9b（10a）		
カヤ	*Torreya nucifera*		7b～9b		

を試みた。

　一例として、暖海流の影響とヒートアイランド現象により温暖化傾向が著しい、東京都の適合樹種を検証する。表3は、東京都内における在来樹種のこれまでの生育適地と、温暖化の影響を併記したものである。樹種によって、①暖温帯〜亜熱帯に分布しており、温暖化が進行すれば都内の生育適地が拡大するもの、②暖温帯までは分布しているが亜熱帯に分布しておらず、今後も温暖化が進行すれば臨海地や区部での生育に影響が出るもの、③冷温帯〜中間温帯に分布しており、すでに都内の都市緑化に不適となっているもの、という三つの傾向が見られた。

樹種選定と維持管理について

　亜熱帯産の植物が分布適地を広げ、中間温帯域や冷温帯域の植物は生育適地を高緯度・高所に移しつつある。ただし、実際の植物の分布域拡大や移動には長い時間がかかるものであり、それを越える速さで温暖化が進行しているため、今後の温暖化進行に伴って、「適合しない樹種は姿を消したが、適合する樹種はまだ到来しない」という状況も考えられる。そういうニッチが出現することは、モウソウチク *Phyllostachys edulis* など外来種の繁茂を助長することにもなり、好ましくない。

　都市緑化には、その急激な気候変化を考慮した樹種選定ができるという利点がある。長寿命化とメンテナンス費用低減を考慮すれば、東京・名古屋・大阪などでは亜熱帯気候に対応した常緑樹主体の植栽、また中部・東北・北海道などではこれまでの冷温帯植栽から中間・暖温帯植栽への移行を、検討してもよいかもしれない。

　一方で、樹木は地域景観の重要な構成要素であり、季節の演出要素である。日本庭園であれば、上層木による日射低減、水面確保やミストによる空中湿度保持を図りながら、カエデ類を遺していきたい。また、多雪地域であれば、植物に耐暑性と耐雪折れ性（雪の質の変化）を求めながら、歴史的（地域景観）・文化的（雪吊りなどの景観）との調和を目指していきたい。すなわち、地域環境と適合しにくくなっている樹種の採用については、植物の耐性と、生育環境への配慮が求められるようになる。

　また、在来種についての議論も深めていく必要がある。温

暖化に伴いブナ林が後退すれば、地域全体の生態系に影響が出る。都区内でシュロ *Trachy corpus* が生息地を広げ外来種扱いされているのは、温暖化やヒートアイランドの影響がある。そして樹種の多様性が失われれば、マツノザイセンチュウ *Bursaphelenchus xylophilus* やカシノナガキクイムシ *Platypus quercivorus* 等の樹木虫害に見られるような生態系バランスの崩れが露見する。構成樹種をどうするか、そしてそのためにどのような維持管理をしていくべきかについては、社会情勢も踏まえた議論の蓄積が必要だろう。

将来に向けて

　人為的な影響が大きいとされる地球温暖化は、もはや歯止めの利かない状態といわれている。ヒートアイランド効果も相乗し、100 年後には大都市圏の最高気温が軒並み 40℃を超えるという試算もある。

　これまで私たちは、樹木を添景物としてとらえ、ある瞬間に美しく見せようとすることもあった。そういう面も大切であるが、社会情勢を考えれば、今後の緑地は持続性がより求められるのではないだろうか。

　「森の中には生きられないが、森を離れては生きていけない」人間にとって、一度、緑を排除した地を緑化することの意義は大きく、そこにおいては必ず「人間の居住環境と植物の生育環境のせめぎ合い」が起こる。ここに気候変動が加わったかたちであり、検討すべき課題は多い。その困難さをミッションととらえ、筆者自身、今後も都市緑化に携わり続けたいと考えている。

小笠原諸島「都立大神山公園」における外来植物除去と植生復元

　小笠原諸島で、唯一の都立公園である「大神山公園」において、2007年度から2012年度にかけて東京都で実施した外来種除去と植生復元の取り組みについて紹介する。

　小笠原諸島は、「海洋性島弧としての地形・地質」「独自の適応放散や種分化によって生まれた固有性の高い特異な島嶼生態系・生物多様性」が評価され、2011年6月に世界自然遺産に登録されている。しかしながら、かねてより外来種等の影響で小笠原の希少かつ固有の自然環境の劣化が進み、国や都、NPOなどが主体となり、さまざまな対策を実施している。

　大神山公園も同様に、固有種をはじめ、小笠原特有の動植物や植生などが見られるが、外来植物が優占する群落が至る所に分布し、グリーンアノール *Anolis carolinensis* やオオヒキガエル *Phinella marina* などの外来動物も多く生息している。一方で、大神山公園は、小笠原の玄関口である二見港に隣接し、島固有の自然環境を学ぶ導入部としての役割が期待されている。

　このようななかで、固有の植物や植生などの保全・再生および公園の利活用を進めるための取り組みである。

取り組みの流れ

　本取り組みは、はじめに植物相調査や植生調査などを行い、対象公園の自然環境の特徴や問題状況などの現況を把握した。また、上位・関連計画や社会的なニーズを考慮し、対象公園に求められる課題や自然のあり方を整理するとともに、現況を鑑み、保全方針の設定、保全計画の策定を行った。策定した保全計画は、固有・希少植物の保全や外来植物除去と植生復元などの「在来動植物の保全」と、固有植物展示やインフォメーション機能向上などの「利用促進」で構成された。このうち、大神山公園の大神山地区を対象とした外来種除去と植生復元は、モデル施工を中心に、詳細設計を経て、施工(実施)、その後の維持管理、モニタリングと一連の流れで実施されたものである。

現況と問題状況

都立大神山公園は、小笠原諸島父島の北部、最も人口が集中する大村地区に位置しており、二見港や大村海岸に面した大村中央地区と丘陵部の大神山地区に分けられる。

このうち、比較的自然が豊かな大神山地区は、海からの塩分を含んだ風を直接受ける急峻な地形を有し、植生は、斜面地の多くは乾性低木林であるシャリンバイ *Rhaphiolepis umbellata*、シマモクセイ *Osmanthus insularis* 低木林やモンテンボク *Hibiscus glaber* 低木林が分布する。また、表土がほとんどない尾根や急傾斜地などの露頭ではタチテンノウメ *Osteomeles schwerinae*、ムニンテンツキ *Fimbristylis longispica var. boninensis* 草地、オガサワラススキ *Miscanthus boninensis* 草地、斜面下部や谷などの湿潤地にはテリハボク *Calophyllum inophyllum*、モモタマナ *Terminalia catappa* 林、オオハマボウ *Hibiscus tiliaceus* 林、ヒメツバキ *Schima wallichii* が分布するなど、小笠原特有の在来植生が広がっている。

さらに、小笠原の固有種も多く、シマムロ *Juniperus taxifolia*、オオトキワイヌビワ *Schima wallichii*、ヒメツバキ、ムニンアオガンピ *Wikstroemia pseudoretusa*、シマザクラ *Hedyotis leptopetala*、ヤロード *Ochrosia nakaiana* など40種類近くが確認されている。このほか、オガサワラオオコウモリ *Pteropus pselaphon*、オガサワラノスリ *Bulteo japonicus*、アカガシラカラスバト *Columba janthina* などの固有動物も園内の自然を利用している。

一方で、外来植物も多く、斜面や尾根にはモクマオウ *Casuarina stricta* やリュウキュウマツ *Pinus luchuensis*、ギンネム *Leucaena leucocephala*、チトセラン *Sansevieria trifasciata*、アオノリュウゼツラン *Agave Americana*、ナガボソウ *Stachytarphela urticifolia*、シチヘンゲ *Lantana camara*、谷部や斜面下部にはガジュマル *Ficus microcarpa*、クロツグ *Arenga engleri*、クジャクヤシ *Caryota urens*、ダイサンチク *Bambusa vulgaris*、アカギ *Bischofia javanica* などが広がり、一部でこれらの外来種がほぼ独占する状態で群落を形成しているのも確認される。

このように大神山公園は、父島の市街地に近い場所で、手軽に小笠原特有の自然に出会える場所であるとともに、外来種が無秩序にはびこっているという問題を抱えている。

外来種植物除去と植生復元

そこで、大神山公園の本来の植生を地形や方位、現存植生などから推察し、将来的に目標とする植生として設定した。一方で確認された外来植物は、在来動植物への影響や対象地への侵入の度合いから評価し、影響度のランク区分を行った。また、種類によっては、伐採しただけでは回復（萌芽や発芽など）してしまうものもあり、効果的な除去の方法、特にその後置き換える在来植物の種類とその方法も検討し、場所ごとに実施の優先順位を定めた計画を検討した。

モデル実施

外来植物の伐採除去と植生復元は、伐採後の薬剤処理や萌芽枝処理、苗木の維持管理やその後の密度調整（間引きや間伐等）など、長期的な視点で取り組んでいく必要がある。そこで、モデル試行地を設定し、実施後、効果的な除去方法や植栽方法など計画の見直しを行いながら順応的に実施していくこととした。

モデル試行の対象地は、除去の優先順位が高いギンネムの低木林であり、林床にチトセランが優占するタイプで、施工しやすく、かつ人目に付きPRしやすい園路に近い場所を選定した（写真1）。なお、再生させる植生はシャリンバイ－シマモクセイ低木林とした。

外来種伐採と苗木植栽

まず、外来種のギンネムとチトセランを伐採、除去した。特にギンネムの萌芽再生を防ぐため、薬剤処理（ラウンドアップマックスロード塗布）を行った。その後、土壌改良、静砂垣の設置を行い、再生する植生構成種の苗木を植栽した（図4）。

苗木の種類は、目標とする植生の主要構成種であるとともに、伐開直後の開けた環境に導入しても生育でき、また外来種の侵入を抑制する観点から成長が早い種類をスターティング植物（はじめに導入する植物）に設定し、初期段階で植栽するとともに、その他の在来種（固有種や広域種）も段階的に補植し、種構成を充実していくこととした。

植栽苗木の確保

植栽苗木については、小笠原という地域性もあり、遺伝子の攪乱が憂慮された。そのため、園内の生育個体から実生苗

写真1　ギンネム－チトセラン低木林のモデル試行地

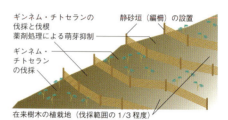

図4　モデル試行地における外来種除去・植生復元方法①

図5　モデル試行地における外来種除去・植生復元方法②

写真2　乾性低木林が広がる大神山公園

や挿し木苗を育成し用いることを基本としたが、育成に時間がかかることから、今回は園内の樹林下などに生育する実生個体を掘り取り、養生したものを用いることとした。そこで、設計段階から必要な種類と数量の実生木の採取と育成を取り入れた（図5、写真2）。

植生復元状況

実施から5年程度経過したモデル試行地は、ギンネム、チトセランはほとんど除去され、シャリンバイ－シマモクセイ低木林の主要構成種であるシャリンバイやシマモクセイ、アカテツ *Planchonella ovovata* が順調に生育し、一部で低木の樹群を形成していた（写真3、4）。一方、苗木が足りず、植栽されなかった場所や苗木が枯死し、樹群が形成されず、クロコウセンガヤ *Chloris barbata* やセイバンモロコシ *Sorghum halepense* などの外来草本が繁茂する場所も目立っていた。また自然に発生したウラジロエノキ *Trema orientalis*（在来種）が一部で繁茂している状態も見られた。この種は先駆的な種類で、成長が早く、早い段階で樹冠を形成することがわかった。

このようなことから、今後はウラジロエノキを用い、早い段階で樹冠を覆い、外来種が入ってこない状況にし、その後徐々にシャリンバイやシマモクセイなどの主要構成種に切り替えていくなどの見直しが考えられた（図6）。きめ細かいフォローアップ調査と、その結果にもとづく適切な順応的管理の試行がこの事業の成否にとって重要である。

〈参考文献〉
1）東京都小笠原支庁（2008）：平成19年度大神山公園景観設計調査報告書

写真3　順調に育つ実施5年目の試行地で掘り上げた林床の実生木（アカテツ）

写真4　順調に育つ実施5年目試行地

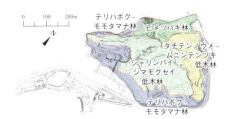

図6　目標植生

農業と公園緑地がおりなすアノニマスランドスケープ

筆者が勤務している関西の公共団体における、ランドスケープに関する業務では、福祉健康社会への移行が今後注目される。その中でも都市と農村の中間領域での作品化されたものではなく、自然発生的なものでもない中間的性格をもつアノニマスランドスケープの事例を紹介する。

「フォレストガーデン（里山と市民菜園）」
（7.8ha　市民農園：1994年4月開園）

大阪府企業局による泉北ニュータウンの住宅開発事業が完了したことに関連して、1990年に府が取得していた一部の用地を堺市が引き継いだ。目的は本格的な市民農園を整備することである。さらに、自然環境の保全や地域の雇用創出などのねらいもある。現地は長年放置されていたため農地が雑木林化しており、一部には竹林があり、中央部には農業用ため池があった。この施設は、市民菜園区画（$25m^2$、$50m^2$）と農具小屋をメインに、休憩所、トイレのほか、木製遊具、植栽（ウメ・ニホンズイセン・ヒガンバナ）と、池を一周する散策路で構成し、「フォレストガーデン」と名付けた（写真5）。

写真5　フォレストガーデン

この施設名は、森（フォレスト）と菜園（ガーデン）を合成した造語である。当時は、公の施設にカタカナ、しかも造語を付けるのはどうかという声もあったが、おおむね反対意見はなかった。利用者はおもに隣接するニュータウン在住市民であり、野菜栽培指導については隣接している旧村の農業従事者に委託業務としてお願いした。2006年度からは指定管理者制度により維持管理運営を行っており、現在は地元農家の方々を中心に設立された団体である「グリーンカマムロ」が指定管理者となっている。運営内容は、日常の栽培指導のほか、年1回秋には「フォレストガーデンフェスタ」を開催し、地元産の新鮮野菜、米、花苗等の販売があることから、来場者からは大変好評となっている。この施設全体での取り組みが、まさしく都市と農村の交流である。土とふれあいたいという市民の方が多く、区画は開園以来、100％の利用である。また、障がい者が利用することができる「園芸福祉区画」も

設けている。指定管理業務には、思いやりのある対応を心がけ利用者本位のサービスに努めてもらっている。しかし、マナーのよくない利用者もいるため、口頭で注意したり区画位置を変更してみたりし、対応に苦慮している面もある。また、木製遊具は老朽化してきており、点検頻度を高めて安全の確保してもらっている。このほか、面積規模が小さいもののスイセンやヒガンバナ、ウメなど季節ごとに花を楽しめるエリアでは、球根の植え替えや施肥、剪定などの栽培管理をしている甲斐があり、花見客やカメラマンに人気スポットでもある。

「堺・緑のミュージアム ハーベストの丘」
（33ha 農業公園：2000年4月開園）

「堺・緑のミュージアム ハーベストの丘」（写真6）がある堺市南部に位置する丘陵地（約1,600ha）は、泉北ニュータウンに隣接するエリアであるが、農業振興地域に指定され里山景観が広がっている。1995年当時の堺市総合計画の位置づけでは、農業の振興と自然環境の保全とされていた。丘陵部という地形特性から、残土処分地やゴルフ場など常に開発圧のある地となっていたため、行政としても地域資源や地形を活かしながら、自然や人とふれあう場を創出し、地域農業への貢献にもつながる「農業公園」を計画することとなった。当時、全国的に農業公園を手がける民間会社と共同して施設が完成したのであるが、農業振興施策に寄与する施設内容と自然環境や現況地形を生かした造成計画ならびに施設配置計画にどう反映できるかがポイントであった。計画地は谷川を挟み、二つに分かれる傾斜地形のため、吊り橋でつなごうということとなった。ゆらゆらと揺れ、少しスリルがあるのが一つの売りである。小川へは下りることができ、ちょっとした親水空間となっているのも人気だ。当施設で常に賑わっているのは「農産物直売所」で、地域の農家が生産する農畜産物は新鮮で安価であることから、早朝から買い物客が訪れている。特に安全安心な堺産農産物ブランド「堺のめぐみ」や地元産米「ヒノヒカリ」は美味しいと好評である。また、「農産物加工体験実習館」では、小さな子どもから大人まで食の加工体験を楽しんでいる。管理運営は、直売所である「交流施設」部分を「堺市農業協同組合」が、加工工房や試食室などの「加工体験施設」を「堺ファーム」がそれぞれ指定管理者

写真6 堺・緑のミュージアム ハーベストの丘

となっており、年間平均約40数万人の家族連れやグループで賑わっている。このほか、隣接する「鉢ケ峯営農組合」と連携し、来園者向けのイベントとして、タケノコ掘り、田植え、稲刈り、イチゴ収穫等の農業体験プログラムを提供し、地域農業の振興にも寄与している。

「堺自然ふれあいの森」
（17.2ha　都市公園：2006年4月開園）

「堺自然ふれあいの森」（写真7）の用地は、市営墓地を拡張するため雑木林と農地を先行取得したが、墓地需要の冷え込みと、周辺の里山にオオタカをはじめとした猛禽類の生息による自然環境保全への意識の高まりを受け、2000年度に用途の方針転換することにより計画された。テーマは「森の学校」で、当時では珍しい市民協働による里山再生のための維持管理活動に着手した。2001年度に市民委員5名を公募したことを皮切りに、計画の段階から施設計画、管理運営の仕組みまで話し合いながら進めてきたことが特徴である。当初は、造成すら必要ないとする意見や、建築工事に賛成しない意見などさまざまであった。まさしく、市民と市役所が敵対するかたちで事業がスタートした。いっぺんに里山を整備するのではなくパッチワーク状に手入れを行う方針とし、完成を急がずに造り続ける「里山公園」とするため、大学教授がコーディネーターとなり、市民の方々と専門家、大学生、行政が一緒に考え、作業することにより、お互いの役割が認識できたことで信頼関係が構築されはじめた。ネザサを刈ったり、散策路を造ったり、「森の館」と呼ばれるビジターセンターの展示内容を企画したりして、開園に向けて取り組んだ。2006年の開園式典も、10周年を迎えた2016年も、手作りによるささやかな式典で喜びを分かち合うことができた。年間2万人程度の来園者数であるが、ここに訪れた方は、何らかの里山体験をすることで、必ず「満足した」と言って帰っていただいている状況である。その貢献には、里山公園の維持管理作業を担っている市民ボランティア団体「いっちんクラブ」（いっちん…シリブカガシの地域俗称）の存在が大きい。イベント開催では、参加者への注意事項に始まり、樹木や作物の知識までをわかりやすく説明している。市民が市民をもてなすという光景である。このほか、小学校の校外学習利用も多く、環境学習のほか情操教育に貢献していることも当施

写真7　堺自然ふれあいの森

設の自慢である。管理運営は、指定管理者となっている「生態計画研究所」と「いっちんクラブ」の共同体である「ふれあいの森パートナーズ」が行っており、市民ボランティア・市・学識経験者を交えた企画運営調整会議も毎月開催している。本施設のプログラムの一つに、「里山ボランティア養成講座（6回シリーズ）」があり、一人でも多くの理解者を育成し、施設周辺に存在する里山保全活動のサポーターになってもらえることを期待している。講座は2009年度からスタートし、2016年度末現在合計10回開催し、修了者はボランティア活動に参加している。世代別に見ると、60歳代（45名）が最も多く、次いで50歳代17名、40歳代15名となっている。

「さかい利晶の杜」
（茶庭・外構植栽　2015年3月オープン）

「さかい利晶の杜」は、堺市ゆかりの「千利休」と「与謝野晶子」をテーマとした本格的な文化観光拠点施設である（写真8）。千利休といえば京都と思われがちであるが、生まれは堺である。2011年度、公園緑地部は、文化部から施設の茶庭造りと外構植栽を依頼されることとなった。植栽のコンセプトを考えるにあたり、堺はかつて環濠都市であったことをヒントに、敷地が四角形であることから敷地境界の周囲を環濠ととらえ、堀であるところを緑に見立て「緑の環濠」というコンセプトとした。また、「市中の散居」をテーマとし、都市の喧騒から一歩中に入れば都市生活の日常とは異なる静けさと風景を楽しむことができる空間とした。樹種選択は、地域の里山に生育している樹種を基本に、文献を参考にし、利休にかかわる樹木としてアカマツ、アラカシ、グミなどを選定した。腰掛から小間または待庵への飛石の配石とあわせ、茶室への動線には京都山崎の待庵にもあるような袖擦り松や、文献にあるグミの木をあしらうなどして植栽した。また、茶事・茶会における茶花として使えるよう侘助椿をはじめとするツバキの品種やロウバイ、シャラノキなど数種類を施設の外構植栽部に配植した。しかし、利休の時代の茶庭について書かれた書籍や文献は少ない。茶室の建築を監修依頼していた教授と議論を重ね、利休が用いた植栽手法や桃山時代の露地の様式に倣いながら、本施設で心地よく茶事をしていただくことができる「おもてなし空間」として完成させた。

写真8　さかい利晶の杜の茶庭と蹲

「原山公園再整備運営事業」
（8.3ha　都市公園：2020年夏開園予定）

写真9　原山公園

　泉北ニュータウン内に位置し、泉北高速鉄道栂・美木多駅に近い原山公園（写真9）では、屋内・屋外プールを主要施設とし、里山やため池を含めた公園区域全域を利活用する再整備事業に取り組み始めた。再整備のポイントは、民間活力による都市公園のもつストック効果を最大限に生かすことである。コンセプトは「子どもから高齢者まで誰もが健康づくりを愉しむきっかけをつくる公園」とし、健康をキーワードにパークマネジメントを展開している。事業手法は、堺市の公園緑地行政では初めてとなるPFI事業である。

　なお、再整備に伴い、農業水利としても利用されている公園内のため池の水位が下がることから、テレビ東京系列「緊急SOS！池の水ぜんぶ抜く大作戦」にSOSを出した（2018年12月放映）。ため池は、例に漏れず、いつのまにか外来種の生き物がもち込まれ繁殖している状況であった。ボランティアの捕獲作業により、ブルーギル、オオクチバスなどの特定外来生物や、コイ、ミシシッピアカミミガメなどの外来種を駆除することができた。あわせて不法投棄されたゴミも取ることができ、親水空間や農業水利としての水質改善も期待している。

各事例を通して

　「フォレストガーデン」は、農地、ため池、竹林、梅林などによって、のどかな農の風景が広がる。菜園を利用する市民の笑顔や、栽培指導している農家の人との会話が生まれる、よい施設ができたと思う。

　「堺・緑のミュージアム　ハーベストの丘」は、アミューズメント機能が付加された農業公園である。事業パートナーである民間会社に対して、堺市の農業振興につなげていきたいと提案し意見交換を重ねた。また、農家女性グループと食品加工や寄植鉢などの特産品づくりに取り組んだ。多くの人とのかかわりでできた施設が、いまも家族連れやカップルで賑わっている。ヒツジやウサギなどの小動物との触れ合いや、食体験、食の加工体験、農業体験などを通じて、農業振興策だけでなく子育て環境にも貢献している施設である。

　「堺自然ふれあいの森」は里山公園であり、子どもたちの五感を研ぎ澄ます場であってほしいことと、「いっちんクラ

ブ」の活躍にも見られるように社会貢献の場でもあってほしい。この施設が、人と生き物が共生していくことの大切さを後世に引き継いでいくことを望んでいる。

「さかい利晶の杜」の完成後、待合から腰掛けて見る景色はまさしく別世界である。まさか仕事で「茶の湯文化」に貢献する茶庭づくりができるとは思ってもいなかっただけに感無量である。

「原山公園再整備運営事業」は、堺市の公園事業で初めてPFI事業に取り組んでいる。民間事業者のノウハウに期待しつつ、課員が日々未体験の事務に奮闘している。地域住民だけでなく各方面から注目されている事業である。

これら、かかわってきた施設のどれを見ても、筆者が在学時に学んだ農学と造園学の融合の賜物ではないかとつくづく思う。当時、東京農業大学名誉教授であった上原敬二先生の『造園辞典』を購入した。そのまえがきに、造園学はあらゆる知識と教養の塊である旨のことが述べられている。

それと同様に、農学でも「百姓」は「ひゃくのかばね」と読むように、農業を営むには、植物学、地学、気象学、化学、機械学……ありとあらゆる知識と技術をもち、備える必要がある。実際に受講した植物材料学、植物生態学、生物学、農業水利学、土質力学、農業気象学、測量学等々がわずかながらも仕事に役立っている。

一方、公園・緑地のもつ効果は、「存在効果」と「利用効果」の二つに大別され、それぞれ次のような効果があり、どれも欠かせないものばかりである。「存在効果」として、①都市形態規制効果、②環境衛生的効果、③防災効果、④心理的効果、⑤経済的効果、「利用効果」として、①心身の健康の維持増進効果、②子どもの健全な育成効果、③競技スポーツ、健康運動の場、④教養、文化活動などさまざまな余暇活動の場、⑤地域コミュニティ活動、参加活動の場、の10の効果があるとされる。とりわけ、最近頻繁に起きている局地的大雨や猛烈な台風を見ると地球環境の温暖化をはじめとした気象変化を抑えるためにも、公園、緑地、農業、ため池などいわゆる「緑」の大切さを理解し維持しなければならない。少なくとも公園・緑地事業に携わる人たちは、造園は単なる土木工事、建築外構ではなく、生き物を扱っているということを忘れずに取り組んでほしいものである。これからも微力ながらかかわっていきたい。

景観に配慮した街中の噴水の設計

研究の背景と目的

　韓国では、経済発展とともに 2003 年後半から well-being ブーム（肉体と精神の調和を通じ幸福で安楽な暮らしを志向する現状または文化現状[1],[2]）が始まり、都市生活者は物理的な豊かさより精神的な豊かさを求めるようになった。そして、都市空間においても、利便性より快適性や景観を重視する都市再生が始まり、利便性を中心とした産業・経済から精神的な豊かさや都市景観向上など福祉・文化へと指向が変わりつつある。都市景観向上に関するさまざまな計画の中の一つに噴水がある。噴水は景観としての美的機能や人間にゆとりと安らぎを提供する場所として注目されている[3]。

　韓国市街地の交差点には交通島があるのが一般的で、横断歩道の分岐点となっている。この交通島には植栽された場所が多いが、高木が運転者の視野を遮断する、道路表示板が見えにくくなる等の問題が指摘され[4]、都市生活者に清涼感を与えるための噴水が用いられるようになった。しかしそのデザインは、市街地の景観を配慮せず噴水自体のデザインにとどまったり、また経済性や経費を重視したりして行われている[5],[6]。そこで、都市の噴水による景観向上効果を心理的評価実験と物理的特性から把握し、噴水造成予定地を対象にケーススタディを行うことで、都市の交差点における景観的に望ましい噴水の姿を提案することを目的に取り組んだ研究成果を紹介したい。

調査した場所

　調査対象地は、韓国で高い評価が得られている都市噴水の中で、道路に接している交通島に設置されたものを選定した。また、ケーススタディを行う計画段階の噴水と規模や構成要素が類似しているかを考慮し、10 か所を選定した（写真 10）。

　噴水の利用が最も多い 7〜9 月の晴天日に景観写真を撮影した。場所ごとに 50 枚ずつ撮影し、眺望視点や接近ルートを考慮し、眺望 1 枚と歩行者の視点などからの景観 3 枚を選定し、データとして用いた。

写真10 ソウル市の交通島における噴水（最上段：眺望、下3段：歩行者からの視点など）

噴水の景観的好ましさに影響を与える要因の抽出

　都市内の噴水における景観的好ましさに影響を与える要因を物理的要素、心理的な要因から把握することを目的に対象地10か所について、レパートリーグリッド発展手法による景観評価実験を行った。レパートリーグリッド発展手法の被験者は、緑地学や造園学等の専門的な知識が必要であるため、韓国の造景学部の大学生、大学院生36名とした。2007年10月に、被験者に対象地の写真を見比べてもらい、好ましいと判断するものから、好ましくないと判断するものの順で五つのグループに分類させた。各グループに含まれる刺激の数は自由とした。また、分類された刺激を比較し、評価した

理由、判断根拠となった物理的要素、心理的要因を自由にあげてもらった。その結果をラダーリング手法を用いて評価構造を抽出し、ネットワーク構造図の形式にまとめ、噴水の景観に影響を及ぼす要因とした。

噴水の好ましいイメージの把握

レパートリーグリッド発展手法により抽出された8の形容詞対を評価尺度とし、対象地の印象を定量化する手法であるSD法を用いて評価実験を行うことで、噴水がどのような印象を与えているのか、また、好ましい噴水のイメージはどのようなものなのかを明らかにした。

被験者は、都市の噴水を利用する都市生活者300名とした。特に、噴水の造成が予定されている韓国の湘南地域(全羅南道、全羅北道、光州廣域市)の居住者とした。アンケート調査は、世論調査専門会社に依頼し、Eメールで調査用ページの案内を送り、ネット上で回答を得た。

評価実験は、対象地10か所の写真を用い、画面1枚に対象地1か所の写真が見られるように設定した。また、画面の横にレパートリーグリッド発展手法で抽出された8の形容詞対(表4)を評価尺度として表示し、SD法による7段階評価を行った。7段階の評価は「非常に」「かなり」「やや」「普通」「やや」「かなり」「非常に」であり、すべての形容詞対に対する評価が終了した段階で次の画面が映るように設定した。

心理的要因と物理的構成要素との関係把握

噴水のどのような要素が心理的評価構造に影響しているか、調査対象地の景観を構成する物理的要素を定量的に抽出し、心理的評価構造との関連性を把握することとした。

物理的構成要素は、噴水、緑(高木、低木、地被植物)、床の(写真内における面積)割合をPhotoshopの色彩選択ツール、自動選択ツールを用いて区分し、各要素のピクセルを数え計算した[7),8)]。また、噴水の高さと面積は、踏査や空中写真から把握し、施工費用は施工会社の協力を得てデータを入手した。

物理的構成要素と心理的評価構造との関係を明らかにすることを目的に、相関行列、回帰分析、重回帰分析を用いて分析した[9)]。レパートリーグリッド発展手法で得られた総合点数、因子分析で得られた因子得点、因子負荷量と物理的特性

表4　噴水景観に影響を与える要因(8の形容詞)

開放的な	―	閉鎖的な
爽やかな	―	息苦しい
調和している	―	調和していない
接近性が良い	―	接近性が悪い
広い	―	狭い
休める	―	休めない
緑が多い	―	緑が少ない
壮大な	―	矮小な

との相関行列を作成し、相関関係が高い項目（$R > 0.7$）を選定し、それらの項目すべてを用いて重回帰分析を行い、噴水景観の評価構造を明らかにした。

ケーススタディ

　ケーススタディは、韓国全州市の噴水造成予定地である交差点5か所を対象に行った。全州市は、全羅北道に位置し二つの区で構成され、面積 206.22km²、人口 622,180人（2007年）、人口密度 3,034人/km²（2007年）である。ケーススタディの計画案は、ソウル市の結果と現地踏査の結果をもとに噴水施工会社と共同で作成した。現地踏査を行い各対象地のコンセプトを決め、AutoCAD、3DsMax を用いて噴水の高さ、面積、施工費用を考慮しながらデザインした。また、Photoshop で各要素のピクセル数を確認し微調整を行った。さらに、都市計画（全州大学工学教授）、交通（道路交通安全管理公団）、造園（全州市緑地公園課）の専門家から計画案の諮問を受け、計画する段階で考慮すべき要素を把握した。

噴水の景観的好ましさに影響を与える要因の抽出

　レパートリーグリッド発展手法による評価実験において最初の段階で行った好ましさの順にグループ化させた結果を点数化し（好ましい×5、やや好ましい×4、普通×3、やや好ましくない×2、好ましくない×1）各対象地の好ましさを定量的に算出した。その結果、対象地 A、I、H、J は比較的好ましい景観として、対象地 B、E、F、C は比較的好ましくない景観として評価されていることが明らかになった（図7）。また、総合評価、判断理由、判断根拠を表す言葉を分類し、その関連性を線で結んでネットワーク化した。被験者ごとのネットワーク構造図から多くの被験者に共通する評価構造を

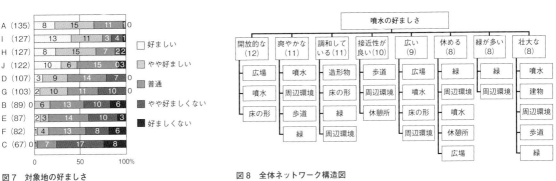

図7　対象地の好ましさ　　　　　図8　全体ネットワーク構造図

集約・統合し、全体ネットワーク構造図を作成した（図8）。全体ネットワーク構造図から、最も多いネットワークをもつ8の形容詞対が噴水の景観的好ましさに影響を与える要因として抽出され、噴水の計画や設計の際に検討すべき評価構造であると判断される。

噴水の好ましいイメージの把握

アンケート調査は、2008年1月7日から1月11日まで行い、アンケートに参加した被験者は300名であった。20代と30代の被験者が67.66％でやや偏りが見られた。インターネットを用いた調査であったので、このような偏りが生じたと判断される。男女による偏りはなかった。

SD法による評価実験の結果をもとに、景観印象を決定する主要な評価軸が抽出できる因子分析を行った。バリマックス回転前の固有値スクリープロットから各因子の寄与率を見ると第3因子までの累積寄与率が90.09％で因子4、5の寄与率が小さいことから、ここでは第3因子まで用いることにした。

バリマックス回転後の第1因子の負荷量（表5）を見ると、「壮大な」「広い」がプラスに大きく（0.8以上）作用していることから、「規模」の軸と名付けた。第2因子は、バリマックス回転後の負荷量から「接近性が良い」がプラスに最も大きく作用し（0.9以上）、「休める」「開放的」もプラスに反応していることから、この軸の名前は「親しみやすさ」とした。第3因子に関しては、「緑が多い」が最も大きく（0.8以上）反応し、「調和している」「休める」もプラスの作用をしていることから、「緑地環境」の軸であると判断される。抽出された三つの因子軸に各対象地の因子得点を算出し、二次元の座標面に配置し、対象地の特性を把握した（図9）。規模と親しみやすさの軸上に対象地を配置してみた結果、大きく三つのグループに分かれることがわかった。B、H、Gのグループは規模と緑地環境はプラスで親しみやすさはマイナスの結果に、A、Jは規模だけがプラスで親しみやすさと緑地環境はマイナスの評価に、D、Fは規模と緑地環境はマイナスで親しみやすさがプラスの印象であることがわかった。

しかし、なぜこのような印象を受けたか、どのような要素による影響なのかは明らかにならなかったため景観構成要素との関係を把握し、都市噴水の望ましいイメージを定量的に把握することとした。

表5　因子負荷量（バリマックス回転後）

変数名	因子1	因子2	因子3
壮大な	0.852	0.148	0.007
広い	0.816	0.576	0.049
爽やか	0.760	0.595	0.084
接近性が良い	0.476	0.906	0.157
休める	0.154	0.708	0.506
開放的	0.623	0.679	0.012
緑が多い	0.023	0.077	0.891
調和している	0.772	0.391	0.508
因子名	規模	親しみやすさ	緑地環境

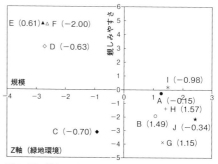

図9　因子軸上の景観配置

心理的要因と物理的構成要素との関係把握

　噴水の好ましさ、因子得点と物理的構成要素との関係を明らかにするために、相関行列を作成した結果、噴水の好ましさと物理量との相関は弱いものの、因子得点との相関は因子1との間で0.62となり、また、因子1と因子2の相関がマイナス0.79で比較的に高い関係が見られたので、因子1、因子2を説明変数に噴水の好ましさを目的変数にし、重回帰分析を行った（表6）。その結果、決定係数0.68、重相関係数0.82になり、分散分析の判定が有意（$P = 0.01$）であったので、噴水の好ましさは以下の重回帰式で表現できるとした。

　　噴水の好ましさ＝14.88×因子1＋6.41×因子2＋104.6

　第1因子は、「壮大な」「広い」「調和している」「爽やかな」「開放的な」「接近性が良い」の因子負荷量が多いことから、各形容詞対と物理的特性との相関関係を把握することを目的に相関行列を作成し、強い相関があった構成要素との関係を重回帰分析を用いて把握した。「壮大な」−「噴水の割合」は正の相関が、「壮大な」−「道路の割合」は相関関係があることが統計学的に有意であることが認められた。また、「広い」−「道路」、「調和している」−「道路」の間では負の相関が、「爽やかな」−「施工費用」の間では正の相関関係があることが明らかになった。「開放的な」「接近性が良い」と物理的特性との相関関係は統計学的に認められなかった。第2因子は、「接近性が良い」「休める」「開放的な」「爽やかな」「広い」「調

表6　対象地の物理的特性（ソウル市）

| 対象地 | | 緑地　（%） | | | | 舗装
（%） | 道路
（%） | 噴水の
割合
（%） | 噴水の
面積
（m²） | 噴水の
高さ
（m） | 噴水の
費用
（億ウォン） |
		全体	高木	低木	地被植物						
A	眺望	24.65	13.58	0.46	10.60	13.45	19.97	2.69	169	9	17
	歩行者	9.84	7.19	0.99	1.66	8.15	5.67	10.25			
B	眺望	53.42	47.58	5.02	0.82	15.74	17.69	3.26	38.5	6	6
	歩行者	45.58	39.65	5.83	0.11	8.04	8.02	11.17			
C	眺望	25.92	14.50	2.63	8.78	16.76	28.54	2.06	133	5	8
	歩行者	26.63	20.53	1.65	4.45	3.11	7.59	1.95			
D	眺望	18.48	10.44	6.86	1.18	29.49	28.98	4.29	50	3.5	8
	歩行者	17.29	9.76	7.44	0.08	8.35	6.58	16.33			
E	眺望	33.67	29.50	1.05	3.12	10.44	19.18	1.15	25	2	3
	歩行者	30.00	24.11	5.13	0.76	24.40	0.82	20.86			
F	眺望	15.00	13.25	0.71	1.04	0.98	19.18	3.87	125	7	8
	歩行者	12.25	2.80	5.23	4.22	5.13	5.69	21.18			
G	眺望	40.35	32.95	7.39	0.00	10.97	18.96	0.37	50	1.5	6
	歩行者	37.50	31.39	6.12	0.00	7.36	2.60	16.23			
H	眺望	34.18	27.70	4.19	2.29	10.68	17.21	5.42	32	3	5
	歩行者	30.16	24.41	2.94	2.80	5.10	2.24	4.15			
I	眺望	9.93	7.17	0.91	1.85	5.98	9.48	3.89	64	8	16
	歩行者	6.98	4.06	2.55	0.37	0.64	3.16	25.00			
J	眺望	3.77	3.44	0.33	0.00	4.57	11.04	0.85	113	11	11
	歩行者	15.47	12.48	2.99	0.00	22.18	0.00	26.56			

第2章　緑の技法　拡がる活動　75

和している」の負荷量が多いことから、第1因子と同様に相関関係を把握し、重回帰分析、回帰分析を行った結果、「休める」は物理的特性と統計学的な相関関係は見られなかった。その他の形容詞対との関係は第1因子の結果と同じである。第3因子は好ましさの集計の結果との相関関係は認められなかったものの、都市内の噴水の緑地環境を説明している因子であり、噴水造成には欠かせない要素であるため分析を進めた。その結果、第3因子は、「緑が多い」「調和している」「休める」の負荷量が多いことから、この形容詞対と物理的特性との相関関係を把握した結果、「緑が多い」と「緑地全体の割合」は、正の相関関係があることが明らかになり、特に、緑地の「高木の割合」が強く影響しているといえた。

　また、各因子を目的変数に、高さと施工費用を説明変数に重回帰分析を行った結果、噴水の高さが高くなると、因子1（規模）の評価が高くなり、因子3（緑地環境）が低くなることが明らかになった。また、噴水の施工費用が高くなると、因子1（規模）の評価が高くなり、因子3（緑地環境）の評価が低くなることが明らかになり、噴水の好ましさを定量的に示すことができた。

ケーススタディ

　各対象地（図10）の計画案は、ソウル市の結果と現地踏査の結果をもとに噴水施工会社と共同で作成した。

　対象地aは国道17号線と26号線から全州市に入る玄関口の役割をする場所でもあり、全羅線（鉄道）から眺望できる場所であるため、a-1は市の名前をモチーフに、a-2、a-3は爽やかさを強調させるため噴水の数を変化させることで施工費用（$p < 0.05$）に差を設けた（図11）。

　対象地bは、市内の中心地であり、交通量が多いことから、開放的な景観を創出するため、緑地の面積を小さく（$p < 0.05$）、噴水の面積（$p < 0.05$）を2段階に調節した。また、噴水の高さ（$p < 0.05$）も2段階に計画した（図12）。

　対象地cは全州市の中心に位置し、五つの道路が交差する交通の重要なポイントであるため、流動人口が多く、現在計画が進んでいる河川復元事業（老松川プロジェクト、延長：3.34km、幅：5.7～12.6m、深さ：25.44m）が始まる場所でもあるため、ランドマーク的な造形施設が求められていた。よって、規模（第1因子）を中心に計画した。規模の評価を高め

図10 全州市における噴水予定地

a-1

a-2

a-3

図11 対象地aの計画案

第2章 緑の技法 拡がる活動　77

図12 対象地 b の計画案

図13 対象地 c の計画案

るためには、噴水の高さを高くすることが有効（$p < 0.055$）であることから高さを 8、6、3m になるように計画案を作成した。また、規模に最も大きい因子負荷量を示した「壮大な」の評価を高くするためには噴水の割合を大きくすることが有効であるため、噴水の面積を約 3 倍になるようにした（図13）。

対象地 d は、周辺に緑地が少ないことから、緑地（$p < 0.01$）を生かした計画を d-1、d-2 とし、d-3 は対照となるように噴水の面積を多く計画した（図14）。

対象地 e は、国道 1 号線から全州市に入る玄関口の役割を

図14 対象地dの計画案　　　　　　図15 対象地eの計画案

果たす場所であるため、都市計画と交通の専門家からは樹木による視野妨害を指摘され、交差路の整備と一体化するため規模のある計画を、造園の専門家からは既存の緑地を保護する必要があると指摘されたため、緑地（$p<0.01$）を3段階にし、計画案を作成した（図15）。

　ケーススタディ対象地5か所の物理的特性をソウル市と同様な方法で算出し、ソウル市の対象地の物理的特性と計画案の物理的特性との比較を行うことを目的に等分散検定（F検定）を行った。等分散である場合はt検定を行い、有意な差があるかを確認した。等分散でない場合とt検定で有意な差

表7　ケーススタディ地域の物理的特性

	緑地全体	高木	低木	地被植物	舗装	道路	噴水	高さ	面積	施工費用
a-1	27.44	20.34	2.88	4.22	10.59	34.67	3.32	3.5	32.4	6.5
a-2	17.83	9.8	2.32	5.71	17.94	35.43	3.89	6	320	7.6
a-3	16.11	10.01	1.73	4.37	19.33	34.37	5.15	6	364	15
b-1	27.44	20.34	2.88	4.22	10.59	34.67	3.32	3.5	32.4	6.5
b-2	17.83	9.8	2.32	5.71	17.94	35.43	3.89	6	320	7.6
b-3	16.11	10.01	1.73	4.37	19.33	34.37	5.15	6	364	15
c-1	22.76	17.11	2.85	2.79	13.86	38.09	1.95	8	113.04	13
c-2	21.35	16.91	2.57	1.87	13.17	38.09	3.83	8	305.04	11
c-3	22.01	16.63	2.57	2.81	12.07	38.09	4.07	3	315	9
d-1	12.33	5.02	2.33	4.97	4.19	36.14	1	6	187.5	6.3
d-2	12.18	5.24	2.44	4.5	4.48	35.82	0.57	8	113.04	7.5
d-3	11.27	4.88	1.73	4.66	4.43	35.54	1.46	5	112	7.8
e-1	33.14	25.5	3.58	4.06	4.48	23.58	0.19	0.8	50	5.8
e-2	28.06	21.2	1.75	5.11	6.33	25.05	1.02	6	714	10
e-3	25.82	20.56	0.14	5.12	6.98	25.39	2.18	6	720	17.2

が認められた場合は、物理的特性に差があることと判断した。また、立地的特性と専門家への諮問を考慮しながら、噴水の計画案を比較し、望ましい噴水の姿を提案した。

　その結果（表7）、計画案a-1はソウル市B、G、Hと等分散であり、規模と緑地環境が高く評価されることが予測される。一方、計画案a-2はソウル市のAと同じ物理的特性であり、規模だけがプラスになると判断されるため、入り口の役割をする対象地aは計画案a-1が望ましい。計画案b-1、b-2もソウル市のC、Fと類似した物理的特性であると判断され、立地条件からのコンセプトと専門家諮問で指摘された開放感を演出することは困難であると考えられる。計画案b-3と類似した既存の噴水はなかったものの、開放感のある景観を創出するためには、噴水の高さと面積を多くとったb-3が比較的に望ましいと判断される。計画案c-1の物理的特性は、ソウル市のC、Fの物理的特性と等分散であることから、規模、緑地環境の評価がマイナスになることが予測される。また、計画案c-2、c-3はソウル市のAと同じ物理的特性であると判断され、規模の大きい景観であると予測され、河川復元事業のコンセプトと一致したことから、対象地cはc-1案よりc-2、c-3案が望ましいと考えられる。対象地dのすべての計画案がソウル市のC、Fと類似した物理的特性をもつことになった。それは、噴水が広い道路の両脇に位置されており、比較的に遠距離からの計画であるため、物理的特性に大きな差を設けることができなかったことが原因であると判断される。χ^2検定の結果からも計画案に有意な差は認められなかった。対象地eはソウル市のB、G、Hと類似した景観であると判断され、規模と緑地環境が高く評価されると考えられ、

e-2、e-3のように多くの噴水を取り入れなくてもコンセプトに合う計画であると判断される。

まとめ

　本研究は、噴水による都市景観の向上を目的に既存の噴水を対象とし、景観評価実験を行うことで、心理的景観評価構造を把握するとともに対象地の物理的特性との関係性を把握した。また、既存の噴水の評価実験の結果と専門家への諮問をもとにケーススタディ地域の計画案を作成した。作成した計画案を既存の噴水と比較することで、ケーススタディ地域の景観がどのようになるのか分析した。また、立地別にどのような噴水がふさわしいか、どのような要素を中心に噴水を造成すればよいかを考察した結果、都市の入り口には交通の視野妨害にならないことを意識しながらなるべく緑地環境を生かした消極的な噴水導入計画が望ましいことが明らかになった。また、流動人口が多い市内中心地には噴水の面積を多くするなど規模を中心とした積極的な計画により開放感のある都市景観形成が可能であることが示唆された。以上のように都市に噴水を導入する際には各地域の緑地の分布や交通等の特徴を十分理解し計画することで望ましい都市景観を演出できることがわかった。

〈参考文献〉
1) Hyangran, J.（2007）：Consumer consciousness toward well-being and well-being oriented consumer behaviors according to the dietary Life, 韓国生活科学学会紙, Vol.16（5）, 957-967
2) Britannica Online Korea：http://www.britannica.co.kr/index_.asp（2007年12月28日回覧）
3) 佐藤昌（1999）：噴水史研究, 大日本印刷株式会社, 1-14
4) Kihyuk, K.（1999）：交通島を利用したP-turn運用の効率性の比較研究, 韓国土木学, 大韓土木学会論文集, Vol.19（4）, 529-539
5) 矢田努（1998）：都市における噴水, 滝等の人工的に整備された水辺空間の景観形成に関する研究, 社団法人日本都市計画学会, 都市計画別冊, No.33, 739-744
6) 岩崎岩次（1989）：美しい水辺空間を求めて―噴水―, 社団法人日本工業用水協会, 工業用水, No.371, 11-16
7) Hyukjae, L.（2007）：Relations between scenic desirability and landscape component of the copse in the city park, Journal of Landscape Architecture in Asia Volume 3, 72-77
8) Hyukjae, L.（2007）：The Psychological and physiological stress relief effect of the green roof, 5th Annual Greening Rooftops for Sustainable Communities, Conference, CD-ROM
9) 鄭眞先（2001）：都市建築物屋上の緑の景観的意味とその評価構造に関する研究, 明治大学修士論文, 11-17

韓国に造成された日本庭園

韓国における日本庭園

　日本庭園の様式が形成され始めた初期のころ、中国や朝鮮半島からもたらされた文化が大きな役割を果たした。奈良時代の平城京の庭園は、海外から影響を強く受けたものだったが、平安時代に入ると国風文化の隆盛とともに、日本特有の庭園の洗練された様式が成立した。

　韓国においても伝統庭園は中国の思想の影響を受けてきたが、時代によりその様式は異なり、中国とは異なる独自の庭園様式をもっていた。例えば、宮廷庭園、別荘（ベッショ：別荘・別宅の意）庭園、寺庭園等の様式と作庭技法は、中国や日本とは異なるものであったが、日本統治時代につくられた庭園は既存の韓国の伝統庭園と異なり、日本庭園で見られる要素や様式等の技法が発見されるようになった。その理由の一つに日本からの文化転移があげられる。朝鮮半島では日本統治時代に日本文化の転移が急速に行われるようになり、建築や造園の分野も例外ではなかった。ソウルや釜山等の大都市はもちろんのこと、仁川（インチョン）、群山（グンサン）、木浦（モッポ）等の開港地が文化転移の中心地であり、日本の様式をもった建築物が数多く建てられた。今日まで残された建築物も多く、近代文化遺産として保存されているものもある。その建築物には庭園が造成されているケースが多い。また、多くの日本人が朝鮮半島に住むようになり、寺には日本人の信者のために日本庭園が造られることもあった。さらに、日本への留学や日本旅行の経験のある人びとにより、自宅に日本庭園を造成することも行われるようになった。

　日本統治時代が終わり、朝鮮戦争や高度経済成長期を迎えると、造成された日本庭園に興味をもつ人は減少し、その原型は改造・毀損されることが多くなった。そうした影響を受け、日本庭園が韓国庭園の特別な様式の一つとして紹介されることや、その様式を参考として新しい韓国庭園が造成されるようにもなった。

　韓国の造園関連の学会や業界では、韓国につくられた日本庭園に関する研究はまだ少なく、どこに、誰が、どのような

様式で造成したのか把握されていないケースが多い。また、日本庭園を作庭した背景や理由等に関してもまだ明らかになっていない。日本政府は、これまで海外につくられた日本庭園の実態を把握する必要から、2017年度予算で調査費を付けた。韓国につくられた日本庭園についても調査分類し、韓国における日本庭園の実態を体系的に明らかにする意義は大きい。そうした成果を積み上げることにより、現代の韓国庭園の様式が解明されると同時に、近代における両国の庭園文化の交流と独自様式の確立の経緯を明らかにすることができるだろう。

調査方法

　韓国に造成された日本庭園について調べるため、韓日両国の庭園専門家の参加が必要であると考え、韓国チームと日本チームが共同で調査することにした。韓国チームは全般的な調査を行い、日本チームは調査結果を日本現地のものと比較分析するというように役割を分担した。

(1) 韓国における日本庭園の調査

　韓国チームは次のような手順で調査を進めた。調査地域を韓国全国とし、文献調査、インターネットを活用し検索を実施した。まず、文化財庁の指定登録文化財、古宅、民俗村、寺、日本家屋を対象とし、庭園が造成されていないかを確認した。その結果をもとに現地調査と空中写真から庭園の存在を判断し記録した。記録について詳細な調査を重ね、地域、形態、庭園の構成要素等をデータベース化した。その中には、最近、開発が行われ、文献にあった庭園が存在しないケースや、新しく改造されたケースも少なくなかった。

(2) 韓国における日本庭園の分析

　日本チームは韓国チームが調査した事例を対象に現地調査を行い、それが日本庭園なのかどうかを韓国庭園の専門家（韓国チーム）と一緒に判断した。また、その庭園と比較できる日本の庭園を探し、様式などの類似性と異質性を比較した。長野県の松代の庭園群、群馬県の甘楽町の旧小幡藩武家屋敷松浦氏屋敷、福岡県の旧伊藤伝右衛門邸庭園（1927〜1934年）、旧蔵内邸庭園（1897〜1920年ごろ）が候補地として選定された。これらの庭園を韓国チームと一緒に調査し、韓国に造成された庭園と比較を行った。

結果

　文献調査とインターネットを利用した調査内容をもとに現地調査を行った結果、27か所の候補地の中で、20か所の庭園が発見された。また、その中で17か所が日本庭園であることが明らかになった。1か所は毀損が激しく、どのような形式だったのか判断が難しかった。2か所は個人の所有で庭園に立ち入ることができなかった。

　得られた成果から、韓国に造成された日本庭園のおもな事例を紹介したい。

(1) 群山広津家屋（グンサンヒロヅガオク）

　群山（グンサン）は1899年に開港され近代の文化が急速に広がった都市であった。開港の当時、群山の人口における日本人の割合は13%、1914年には47%に高まった。このような背景で群山の協議会の議員であった広津継伊三郎により1925年に建てられたこの家屋（写真11、図16）は武家屋敷の様式をもつ住宅であると判断された。この家屋は2005年6月18日に韓国の登録文化財として指定され、群山市が管理している。この家屋にはL字の建築物の間に曲線の護岸をもった池の跡地があり、飛び石、石灯籠が残されている。また、植栽の形式も日本庭園と類似性が高い。

(2) 李勲東（ィフンドン・Yi Hundong）庭園

　この庭園（写真12）は文化財庁の資料によると、韓国の書院様式であり、入り口庭園、中庭園、林泉庭園、後園で構成されていると説明されている。しかし、1930年代、日本人内谷万平により作庭された庭園であると伝えられており、日本庭園でよく見られる築石と曲線の護岸をもつ池と滝があり、回遊式の様式をもっている。さらに日本式の石灯籠や塔も配置されている。しかし、一部は変形され国籍不明の形式となっている部分もある。

(3) 海倉酒造場（ヘチャンジュジョチャン・Haechang Jujo-chang）庭園

　海倉酒造場は、朝鮮半島の南端地域となる全羅南道海南郡花山面（チョルラナムド・ヘナム郡・ファンサンミョン：Hwasan-myeon Haenam-gun Jeollanam-do）海倉里に位置する。ここは韓国の地酒であるマッコリの醸造所（酒蔵）として90年ほどの歴史をもつ。1920年代にその起源をもつ日本式家屋と庭園が現存する（写真13、図17）。

　住宅は1927年に日本人柴田弘平が、この町に移住して建

写真11　群山広津家屋

図16　群山広津家屋全体配置図（計画）

写真12　李勲東庭園

写真13　海倉酒造場庭園

てた建物である。柴田は1895年に群馬県で生まれ、父が日本で木材商をしていたため、木浦を通じて木材を取り寄せ、3年ほど乾燥の後に、この日本式家屋を建てたという。

　庭園も柴田所有時代に造成された。作庭家は不詳である。家屋の南側に広がる庭園の中心にはひょうたん形の池がある。その池を囲むように五つの小高い起伏、築山が見られる。池には庭後方の山から水を引き込んで、東側（正面左側）から注ぎ入れ、西側（正面右側）から細流を形づくって北側へ流している。その水は家屋の西側に位置している裏庭の方形の池にいたっている。

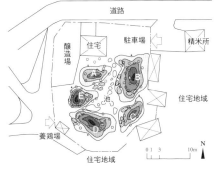

図17　海倉酒造場庭園配置図

(4) 成氏古宅（ソンシゴテク・Ancient house of the Seoul Family）庭園

　「成氏古宅」（写真14）は韓国の南東部、韓国第二の都市釜山の北西70kmほどの慶尚南道昌寧郡昌寧邑校里（キョンサンナムド・チャンニョン郡・チャンニョンウッキョリ：Gyo-ri Changnyeong-eup Changnyeong-gun Gyeongsangnam-do）に位置する。現在見る日本庭園は、日本統治時代1929年ごろに成潤慶により造成された。

　成氏は朝鮮王朝時代からの氏族で昌寧の名家である。この古宅は個人所有で、国の重要建造物指定を受け、現在部分的に復原整備が進められている。庭園に面した主屋建物は復原整備したものである。当初の家屋・庭園はともに、家主である成圭鎬によって構想されたという。家屋は韓国式民家（近代韓屋）で、現存する庭園は日本式である。庭師は不詳。庭園は、築山、池、石組、庭灯籠などから構成され、明確に日本庭園の景観を見せている。

　池の形状は韓国の国土を表している（韓半島池）といわれるが、ひょうたん形にも見える。池の護岸は玉石状の石を主

写真14　成氏古宅庭園

体に何段にも積み上げて構成しており、全体的に積み上げられた石組護岸下部が上部の石よりも小ぶり、という特徴をもつ。立ち上がりの高い、深い池の護岸石組景観の印象は強い。

(5) 外岩里民俗村（ウェアムリ・Oeam Village）

牙山市（アサンシ）の外岩里民俗村は国指定の文化財である。外岩里はいまから約200年前の朝鮮時代に成立した町で、建物の多くが伝統的な韓国式民家である。その中に日本統治時代につくられた日本式と思われる庭園をもつ民家が三つある。

様式的な観点から韓国の伝統庭園とは大きく異なるさまざまな違いを見せている。特に庭園に導入された構成要素と作庭技法は日本庭園と類似していることから、日本庭園の影響を受けてつくられたものであると判断した。これらの庭園の池・細流の水を利用した空間は、日本的な要素である曲水路や曲池が目立ち、また、橋、築山、景石などの日本庭園に用いられる要素も見ることができる。

加えて、3庭園の池・流れはすべて、近くを流れる川から村に引き入れた水路からの水を利用している。

① 建齋古宅（コンジェゴテク・Konjae House）庭園

建物前の南庭に亀島風の植栽島があり、建物東側の庭池に流れが注ぐ庭園。

② 教授宅（キョステク・Professor House）の庭園

現況は、毀損の程度がひどく作庭当時の姿ではない。敷地の東南に池が残存し、自然石の庭橋と上流に舟形石が残る庭園（図18）。

③ 松禾宅（ソンワテク・Songwha House）庭園

松林を主体に野筋と流れを配した庭園。流れの護岸には自然石による石組が見られる。

(6) 大興寺（テフンサ・Daeheungsa Temple）と仙巌寺（ソンアムサ・Seonamsa Temple）

大興寺にある無染地は1823年に草衣（1786-1866）により造成されたと記録されているが、日本統治時代である1938年に李勳東庭園を作庭した内谷万平により現在の姿に改造された。その時期の韓国庭園では見られない激しい曲線の護岸をもった池が特徴的であり、池の中心には噴水が設置されている。植物も日本庭園でよく見られる植物が多い。しかし、現在は集約的な管理が必要な状況である。

仙巌寺は大興寺とともに日本人信者が最も多い寺として知

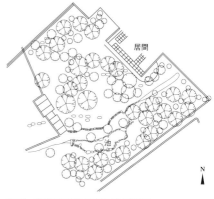

図18 外岩里民俗村 教授宅庭園配置図

写真15　大興寺（上）と仙巌寺（下）

られている。新しく建てられた博物館の前に日本庭園のような池が存在しているが、数回改造されその原型は見ることができない。記録によると日本庭園でよく見られる池と滝等が確認された（写真15）。

作庭された位置と作庭主体による分類
（1）日本式家屋に日本人により作庭された日本庭園

日本人の庭園師が日本人の家に作庭した日本庭園は、そこで住む人が故郷であった日本の雰囲気を出すために、なるべく日本と同じような環境づくりをしようと作庭したものであると考えられる。群山広津家屋、海倉酒造場、李勳東庭園がその例である。

これらの事例は、韓国に造成されたとしても、その時期の朝鮮半島は日本の領土であったため、特別なものでない。したがって、このような日本庭園は韓国の文化に直接影響を与えることは少なく、間接的な意味での文化移入はあったと考えられる。

（2）韓国式家屋に韓国人により作庭された日本庭園

成氏古宅庭園と、外岩里民俗村にある三つの庭園は韓国庭園の事例として紹介されることも多かった。その理由は、韓国の伝統的な家屋に作庭されたことや、植物が韓国の伝統庭園で見られる樹種が多いことからである。しかし、庭園の様式や庭園の構成要素、池の形態等を見ると明らかに日本庭園である。また、家の所有者が日本留学や旅行の経験があることから、日本に訪問した際に見た日本庭園を真似て韓国式庭園を日本庭園として改造したものであると判断される。これ

らの庭園は、上記（1）の事例とは異なり、韓国人により、韓国の家屋に作庭された日本庭園であることから、直接な意味をもった文化の移入の結果であると考えられる。

（3）韓国人の依頼で韓国の寺に日本人が作庭した日本庭園

大興寺と仙巌寺の日本庭園は、韓国人が日本人庭園師に依頼して作庭された庭園である。これら二つの寺は市内から離れており、朝鮮時代には抑佛政策の影響で盛んな活動はできなかった。しかし、日本統治時代となり、多くの信者を招くための方法として日本庭園を作庭したのではないかと推測される。一方、群山市内にある東国寺は日本式寺院であり、最も日本人信者が多かったと推測されるが、日本庭園は存在しない。

（4）毀損が激しい日本庭園

開港地である群山や釜山には数多くの日本式家屋があり、その家屋には日本庭園らしき跡地が多く発見されている。しかし、激しく毀損され、規模も小さいため、放置されている場所が多い。さらに、それらの家屋は一般人が所有しているため、接近も難しい状況である。いくつかの庭園は再整備され飲食店として利用されているケースもあるが、その形式は国籍不明である。これらのように、近代文化財として保存されるべき多くの日本庭園が、現在も放置されている状況である。

まとめ

韓国に残存する日本庭園は三つに大別できた。作庭の経緯と作庭手法から類型化できる可能性も示唆された。このことにより、日本文化が韓国に移入したルートや方法を推測することもできた。韓国の家屋に韓国人により作庭された日本庭園のように、韓国人の意思で日本文化の象徴である日本庭園を積極的に受け入れた事例から、権力や富を手にしている人びとから庭園文化の移入が始まったことがわかった。

今回の調査で得られた成果は、日本統治時代のこととして韓国では知られたくない部分であり、日本においては不明であった近代作庭史の一部分が日韓両国の庭園専門家の共同研究で明らかになったといえるものである。このような研究をさらに進めることは、各国の伝統庭園の姿を明らかにするためにも必要である。今回の研究で得られた基礎データをもとに、今後のさらなる展開が期待される。

また、調査を進めている際に、変形されたり、毀損された事例を目の当たりにした場面もあった。歴史的かつ文化的資産としての庭園の管理は、所有者の義務としてではなく、専門家で構成された専門的な機関で行われるべきである。また、韓国では日本統治時代に作庭されたことで、負の遺産として考えられていることから、近代文化財として認識し、韓国庭園との関係を明確にすることが庭園史の空白部分を埋め、韓国庭園の様式の充実を図る意味でも大きい意義がある。

〈謝辞〉
ここに記述した内容は、二国間交流事業協同研究として、日韓両国からの研究助成を受けて実施した成果の一部を取りまとめたものである。洪光杓教授（韓国、東国大学）、鈴木誠教授、服部勉助教授、栗野隆助教（以上、東京農業大学）、平澤毅氏（日本、文化庁）、佐々木邦博教授（信州大学）らの協力により、これまで明らかになっていなかった韓国に造成された日本庭園の貴重な実態を把握することができた。記して謝意を表する。

壁面緑化「Vertical Garden」の生育段階の違いによる
メンテナンス

　パトリック・ブラン (Patrick Blanc) 氏 (1953-) は世界中で「Vertical Garden」と呼ばれる多くの壁面緑化をつくり注目されており、その緑化デザインに関する研究も複数なされている。例えば、①森林の階層構造に類似性をもたせ、壁面上部には日向を好む低木や高木類が、その下部には日陰を好む草本が配置されていること、②大きく成長する木本は上部に、下垂する植物種は縦に長細い形状にグルーピングされて配置されており、植物の成長した形態に合わせた植物配置が行われていること、③落葉性の種を大きく1か所にはまとめず、常緑性の種を近くに配置することで、壁面全体として冬季の見栄えを考慮していること、などが明らかにされている[1]。

　しかし、「Vertical Garden」の施工後の維持管理の推移を追った報告は見当たらない。壁面緑化の維持管理は屋内と屋外で大きく異なるが、特に屋内の場合は、人工的に生育環境をつくり上げることから大きな労力がかかり、植物への負担も大きい。屋内における「Vertical Garden」の維持管理項目としては、①枯葉の除去、②葉拭き、③葉水、④剪定、⑤薬剤散布、⑥灌水管理などがあげられる。自然の植生からヒントを得て、森林の階層構造に似せた配植の壁面緑化は、直線的・単一的にデザインされた壁面緑化よりも植物の維持管理が容易になると想像できる。しかし通常の生育環境とは異なる環境に置かれた植物はストレスを感じ、その環境に応答してさまざまな生理的変化を起こす。新たな環境に順応するまで人為的な維持管理は必要不可欠であるといえる。

　「Vertical Garden」はそのコンセプトの特性上、植物が成長するままにその配植が変化していくことを許容しているが、その変移の過程で意図せずに植栽ボリュームが減りすぎたり、増えすぎたりすることで、デザイン性が崩れている例も見受けられる。

　そこで本稿では、ブラン氏の「Vertical Garden」の維持管理について、施工からの経過年数の異なる二つの室内事例を紹介し、デザイン確保のための植物の生育段階の違いによるメンテナンス手法について考察する。

二つの「Vertical Garden」の概要

CoSTUME NATIONAL WALL 福岡と CoSTUME NATIONAL WALL 青山は両事例ともに植栽デザインをブラン氏が、緑化設備設計・植栽施工・維持管理をパーク・コーポレーション parkERs（パーカーズ）が担当している。

CoSTUME NATIONAL WALL　福岡

2015年8月に完成した。3～4階の吹き抜けのフロアに幅8.5m×高さ6.0mの緑化を施しており、バーのカウンター越しに高さのある壁面緑化を感じられる事例である（写真16、17）。使用した植物は約100種で、熱帯系の種類を中心に構成している（図19）。

メンテナンスは週に1回の頻度で枯葉の除去、葉拭き、葉水、剪定をしている。状況により薬剤散布と植替えを行っている。灌水は点滴式で基本的に1日に10分×5回行っているが、季節や状況により適宜変更している。

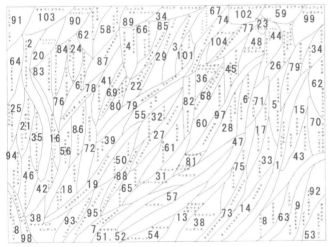

図19　福岡　植栽図

写真16　福岡　全景

写真17　福岡　俯瞰

第2章　緑の技法　拡がる活動

CoSTUME NATIONAL WALL　青山

　2011年8月に完成した。福岡と同じくバーのカウンター越しに幅14m×高さ3.0mの緑化を施しており、入り口から奥へ引き込まれるような横長の壁面緑化が特徴的な事例である（写真18〜20）。使用した植物は約70種で、福岡店と同様に熱帯系の種類を中心に構成している（図20）。メンテナンスの作業項目と、灌水設定は福岡店と同様である。

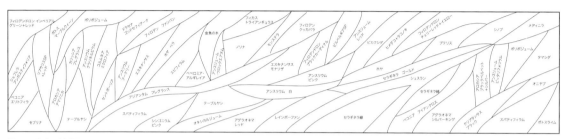

図20　青山　植栽図

写真18　青山　全景①

写真19　青山　全景②

写真20　青山　全景③

植物生育とメンテナンスの状況

施工初期の植物の状態（福岡の事例：施工〜1年間）

　2015年8月の施工から2016年9月までの約1年間の植物の生育状態について整理した。

　施工から1年間は根腐れや虫の発生で植物の状態が落ち着かなかった。根が活着するまでの施工後約3か月間は植物の枯れが目立ったため、多くの植替えを行った。液肥の量を調整することで植物が落ち着いてきたが、その後は虫の発生が見られた。2015年11月下旬、2016年2月中旬、5月下旬とおおよそ3か月ごとにカイガラムシ *Coccoidea* が発生した。発生した植物は、シェフレラ・ノヴァ *Schefflera actinophylla 'Nova'*、オオベニゴウカン *Calliandra haematocephala*、シェフレラ・エマルギナータ *Schefflera emarginata*、シェフレラ・スターシャイン *Schefflera albidobracteata 'Star Shine'*、ホヤ・ベラ *Hoya bella* であった。すべて植栽位置は照明から近かった。2015年1月から2月末には壁面下部に位置するシュスラン *Goodyera velutina* にナメクジが発生した。5月にはベゴニア・ムンチキン *Begonia 'Munchkin'* 付近にカタツムリが発生した。6月から9月にかけてコバエが発生したが10月には落ち着いた。1年間での植替えが多かった植物は、セラギネラ *Selaginella*、ストレプトカーパス *Streptocarpus*、アジアンタム *Adiantum*、ベゴニア・ムンチキン、キリタ・タミアナ *Chrita tamiana*、トラディスカンチア *Tradescantia* であった。1年間で植え替えた総数は、施工時の全植栽数の約12%であった。1年を通して常に状態が悪かった植物は、セラギネラ、ベゴニア・ムンチキン、メディニラ *Medinilla*、ホヤ・ベラ、フィランサス・コチンチネンシス *Phyllanthus cochinchinensis*、リプサリス・フォーレティアナ *Rhipsalis houlletiana*、リプサリス・カスッサ *Rhipsalis cassutha* であった。一方で、施工当初は状態が悪かったものの徐々によくなってきた植物は、ストレプトカーパス、ペリオニア *Pellionia*、キリタ・タミアナ、ビロードカズラ *Philodendron melanochrysum*、ベビーティアーズ *Soleirolia soleirolii* であった。また、施工から約6か月でシダ類の胞子が広がってきた。1年経過したころから、虫の発生や植物の状態は落ち着いた（写真21〜30）。初年度は主に植物を根付かせて状態を落ち着かせるメンテナンスに注力する必要があった。

写真 21　全体：2015 年 9 月

写真 22　全体：2016 年 9 月

写真 23　中央下：2015 年 9 月

写真 24　中央下：2016 年 9 月

写真 25　左下：2015 年 9 月

写真 26　左下：2016 年 9 月

写真27 左上：2015年9月

写真28 左上：2016年9月

写真29 右下：2015年9月

写真30 右下：2016年9月

各生育段階におけるメンテナンスの特徴
（青山の事例：施工〜5年間）

　青山の事例はparkERsが施工から5年間メンテナンスを続けてきた事例である。初年度から5年間で変化したメンテナンスの特徴を整理した。

　施工後の1年目は植物の状態が落ち着くまでは、福岡の事例と同様に植物を根付かせることを目標としたメンテナンスを行った。そのため、その環境に適さない品種を随時見直し、植替えが必要な場合は適期を考慮しながら作業を行った。植物の状態が落ち着くまでは、虫の発生に注意が必要であった。特に光が強く天井に近い部分の虫の発生率が高かった。対策として、土のついた苗を植え込むと虫が発生しやすいため、植物の特性を考慮しつつ、できるかぎり土を落とし、予防薬散を行った。

　2年目は生育が旺盛な種と抑制される種がはっきり分かれる傾向が見られた。この事例では当初のグルーピングの配植

第2章　緑の技法　拡がる活動　95

を維持する要望があったために、生育旺盛な種の生長を抑え、弱い種を保護する作業が必要となった。特にシダ類は胞子でさまざまな箇所に飛んで広がりグルーピングやラインを崩すため、見つけ次第すぐに除去した。

　3年目以降は植物が大きくなりすぎないように細目な剪定をした。理由は、①上部の植物が大きくなると下部に光が届かなくなること、②株が育ちすぎると根が強く張り、枯死した場合に抜くことができなくなること、③大きくなってから葉を剪定すると葉の裏に植物がないスペースができ、植栽基盤が見えてしまうことであった（写真31）。そのため、大株を少しずつ剪定しながら、小株を育てていくという計画的な剪定が必要となった。施工当初のデザインのグルーピングラインを大事にしながら、主役として見せる植物と脇役となる植物を決めておくと剪定の判断が容易になった。特にアンスリューム *Anthurium* やアロカシア *Alocasia* などの大きな葉は、1枚だけでもなくなると植栽基盤がはっきり見えてしまうため、脇にある別種の植物でカバーするような計画的な剪定をした（写真32）。またフィロデンドロン・クッカバラ *Philodendron Xanadu* などの株元のボリュームが減りやすい種も、成長していくと植栽基盤が見えてしまい見た目が悪くなるため、細目な剪定をして脇芽の発芽を促進させた（写真33、34）。

写真31　大葉の裏の様子

写真32　株元の様子

写真33　メンテナンスの様子①

写真34　メンテナンスの様子②

今後に向けて

　1年目は福岡、青山の事例ともに植物の状態が落ち着くまで、虫の発生の処理や植替えを適宜行い、根を活着させるためのメンテナンスが中心となった。「Vertical Garden」は植栽

基盤に薄いフェルトを使用していることから、他の工法に比べて根が張るまでに時間がかかることが考えられる。そのため、施工後から1年目は特に高い頻度でメンテナンスに入ることが必要であると思われる。

　植物が根付き、生育が進んでいくと注意すべき作業が変わっていき、特に3年目以降は生育を抑制しながら、デザインを維持することを中心としたメンテナンスが必要となった。具体的には、隣り合った植物種との関係性を意識しながら、細目に剪定をすることで徒長を抑え、植栽基盤が見えることを防ぐ作業であった。青山はparkERsがメンテナンスを始めて5年が経過しても施工当初のデザインコンセプトが維持され、植物が成長したことにより各種類の特徴がよくわかる状態となっている。年数が経過するほど、植物はその環境になじみストレスが減るため、メンテナンスの負荷も減ってくると思われる。このように、メンテナンス作業者は各植物の生理的・形態的な特徴を把握したうえで、将来の成長をイメージしながら植物の各成長段階によって注力する作業を変えていく必要があるといえる。

　一方でメンテナンスをする意味は、植物を維持するだけでなく、壁面全体のデザイン性を確保し続けることでもある。そのため作業者は、人びとが壁面緑化をどのような位置から眺めるのかも考え、状況に応じて注力する点を変えていく必要もある。遠くから壁面全体を眺める場合は、緑化面全体でのバランスを考え、緑化面の上下左右で葉のボリュームやサイズ、色の重心をとることが大切である。近くから植物の細部まで見える場合は、一つひとつの植物の葉の形態や質感、密度が重要となる。そのため、隣り合った植物の異なる葉の形態がそれぞれ干渉し合い美観を損なっていないか、葉が少なく植栽基盤が見えていないかなどを確認する必要がある。

　このように、その場所ごとに求められるデザイン性と、経過とともに変化する植物状態とのバランスを見ながら、1年後、3年後にどのように植物の特徴を引き立てていくのかを計画してメンテナンス作業をしていくことが、今後の「Vertical Garden」のようなデザイン性の高い植生的な壁面緑化を維持していくために重要であるといえる。

〈参考文献〉
1) 深水崇志・赤坂信（2011）：パトリック・ブランによる「垂直の庭」の植物配置図から読み取れる植物構成手法. ランドスケープ研究, 74 (5), 515-520

三次元レーザースキャナ技術の現状と課題

　開園から長い年月を経た都立公園では、樹木が老齢化し、同時に大径化している。一般的に樹木の組織は、辺材と呼ばれる生命活動を行っている組織と、心材と呼ばれる細胞が死んだ組織に分けられる。心材は、言葉のとおり幹の中心部にあり、その周囲をドーナツ状に辺材が囲む形をしている。多くの大径化した樹木では、辺材に比べて心材の占める面積が多くなる。動的な防御機構をもたない心材部は、木材腐朽菌が侵入した際、腐朽が広がりやすいといわれている。そのため、巨樹等の大型の樹木の中には、内部が空洞化しているものも少なくない。

　一方で、台風や大雨を原因とする気象災害は恒常的に発生しており、台風が上陸する時期には大雨による土砂崩れなどが都市のインフラを麻痺させることもしばしばである。さらに大雨や強風は樹木の倒木や幹裂けを引き起こす原因となり、加えて樹木の腐朽もこれらの災害や事故を助長させる要因になることがある。

　樹木関連事故を未然に防ぐには、日頃の維持管理における安全管理が重要となる。例えば、日々の巡回業務において、樹木の樹冠部を目視で観察し、枯れた枝の有無や、枯れた枝が落ちて途中の枝にひっかかった「かかり枝」がないかを確認する日常的な樹木点検があげられる。また、日常の点検において、安全上のリスクがあることが確認された樹木を定期的に点検・診断し、点検のデータを積み重ねることが樹木の変化を把握するうえで効果的である。

　また、最近の都立公園では、生物多様性の保全に向け、外来種の駆除にも取り組んでいる。昨今では、池のかいぼりによる魚類やは虫類等の調査がニュースでよく取りあげられているが、取り組みは動物だけでなく、植物にも及んでいる。

　特にここで取りあげたいのは、緑化樹木として導入された外来種の樹木である。都市の近代化が進んだ明治維新のころは、緑化樹として求められる特性を有するものが国内（地域）になく、または生産されていなかったことから、国外（地域外）から樹木が導入された。例えば、ニセアカシア *Robinia pseu-*

*doacacia*やトウネズミモチ *Ligustrum lucidum* がその代表である。
それらの樹木は、環境負荷への耐性が一般的に強い。さらに
旺盛な繁殖能力をもつものも多く、進んで植栽されることが
少なくなった現在でも、生息域を広げている。また、生育の
早さから、自生種との日照をめぐる競争に勝ち、自生種の生
息域を狭めているともいわれている。

　現在、公園内のすべての樹木を一律に保全するのではなく、
樹種や生育状況、巨樹やその地域にゆかりのある銘木などの
特性により優先順位をつけて保全し、状況に応じ、ときには
伐採することで、公園ごとの特性に合った緑の質と量を保つ
ことが求められてきている。

　そのためには、公園の現状を把握することが必要である。

三次元レーザースキャナを利用した樹木の測量調査

　いままでの樹木管理では、東京都の提供による植栽平面図
を利用してきたが、年月の経過により衰退木、枯死木の発生
や実生木の成長により、現状の樹林の状況と植栽平面図との
間に差異が生じており、樹木の位置と形状を正確に示した平
面図の作成が課題となっていた。

　このことから、2016年3月、東京都立林試の森公園におい
て、三次元レーザースキャナを利用した高木の毎木調査を
実施することとなった。林試の森公園は、開園前より林業試
験場として活用されていた歴史があり、樹木の本数、種類の
豊富さに加えて、珍しい樹種も多いことから、図面の活用に
より樹林管理の効率化が期待できると考えた。

　三次元レーザースキャナによる測量では、樹木を1本ずつ
樹高・幹周・枝張りを計測し測量していく従前の方法に比べ、
調査期間の短縮と高い精度が得られることが特長である。三
次元レーザースキャナは一度の計測で、数万点の測量点の計
測が可能であり、専用ソフトを活用したデータ分析を経て図
面を作成できる。そのため、約12haに及ぶ広大な林試の森
公園の全域を測量する唯一の方法と思われた。

　重複するが、三次元レーザースキャナの利点の一つは、1
秒間に数千点から数万点の情報を取得することにより、測量
時間が短縮できることである。今回はFAROというメーカー
のクラス3というスキャナを使用した。さらに、データの解
析にあたっては、ウッドインフォの提供するデジタルフォレ
ストというソフトを活用した。三次元レーザースキャナによ

る測量技術は人工林の密度や材積を把握するために、林業分野で発展してきたが、公園で採用した実績はほとんどなかった。

　一般的にレーザー計測においてはスキャナを中心に放射状にレーザーが照射される。当然ながら、障害物が手前にあるとその後ろのデータは測量されない。このオクルージョンと呼ばれる陰になってしまう部分を、もれずに測量するには、スキャナを移動させ測量地点を変え、再度計測をすることが必要になる。繰り返し測量し、基準点をもとにデータをつなぎ合わせることで陰になる部分を補完するのである。

　そのため、樹林密度に合わせて計測間隔と密度を検証する必要があった。一般的な人工林では1か所の計測地点から30～40％が立木等の陰になってしまうことがそれまでの研究からわかっていたため、林試の森公園では、20m間隔、計370点の計測地点を設定した。これは通常の1.5～2倍の数だった（図21）。また、人通りの少ない林業の現場と異なり、公園では来園者が多くいることから、測量の指標として用いる白い球体「スフィア」が、関係者以外によって不用意に動かされる可能性があった。このような事故を防ぐため、スフィアを用いず、公園内の工作物を測量の指標として利用することにした。そして実施時期は測量の障害となる樹木の葉の影響が比較的少ない落葉期の3月とした。

　測量調査では1点における計測におよそ10分を要し、最大で1日に56点の計測を行った（写真35）。機器の操作は終日、一人の担当者が行い、すべての計測が完了するまでに4週間程度かかった。さらにデータの解析、図面の作成に4週間を要した。

　この後、作成された図面をもとに樹種を記入していく調査を、同年の8月から9月の間に行った。公園を10のゾーンに分け、それぞれの図面を10枚用意した。調査では、樹種

図21　計測地点の位置図

写真35　三次元レーザースキャナ設置の様子

の記入に加えて、測量で得られた胸高直径の数値が正しいか目視で確認する作業もあわせて行い、明らかに誤りがある場合には、再度現場で手作業による計測を行い訂正した。作業は二人一組で行い、およそ20日程度かかった。一つのゾーンにはおよそ400〜800本の樹木があり、大変骨の折れる作業だったが、それぞれにゾーンの特色を感じ、地面を踏みしめながら調査をしていった。

林試の森公園がたどった長い歴史から、園内には20mを超える大木も多く、樹種を判断するうえで手がかりとなる葉の様子を間近で見ることができないため、樹種の同定作業は、大変困難な作業になった。樹形や樹皮、根の張り方を見て総合的に判断できる専門的な知識を必要とした。さらに、測量対象の樹木は、3m以上の高木を対象としたのだが、中には灯柱や案内板などの工作物が樹木と同じように図面にプロットされるものもあり、現場調査をより困難なものにした。

今後の課題

以下は調査に同行した経験を通して、現状の技術に対する課題について述べる。今回の調査方法では、地上1.2mの幹の直径を水平にレーザーで計測するが、地上1m以下で分岐しているものや株立ちの樹木は枝ごとに単木として認識し図面上にプロットされ、1本の木が複数あるように図示されてしまう現象が発生した。これは、斜めに生えている樹木の計測においても実際よりも幹径を大きく測定するなどの誤差を発生させる要因にもなった。

また、20m間隔でカメラを移動する際の設置場所の誤差によって、基準となる点が微妙にずれ、同じ個体が図面上で近似の場所に複数現れる現象を引き起こし、現場調査で見つからない樹木を発生させた。逆に、測量地点から先を見通せないような樹林地では、測量回数を増やしたにもかかわらず、

図22 三次元データの解析により得た画像(1)

図23 三次元データの解析により得た画像(2)

図24 林試の森公園植栽位置図

当初懸念していたオクルージョンが発生し、プロットされない樹木があった。樹木の密度が高いエリアでは、樹林地側に立ち、樹木一本一本からスキャナが常に見えていることを確認するか、計測地点を増やすなどの現場判断が必要だったのではないかと思う。とりわけ樹木が密集していた管理所の周辺では、こうした弊害が多く、補正に時間を要した。また、風による樹木の揺れもデータ取得に影響したと思われる。

　以上のことから、想定していたよりも多くの苦労を重ねて植栽平面図が完成した（図22～24）。しかし、今後は日常的なデータ更新が課題といえる。樹木をめぐる環境は日々変化しているため、今後管理を進めていくうえで、当然ながら伐採されるものや、新たに植えられるものも出てくることが考えられる。伐採するたび、また定期的に、現状の樹林と図面との間に差異がないか、確認作業を継続する必要がある。データを維持するためには、人の手による地道なサポートが欠かせない。データは放っておけば、瞬く間に風化してしまう。そうなってしまえば、もともと置かれていた状況に後戻りするだけなのである。今回の調査を実りのあるものにするには、図面をどのように活用し、役立てていくのかを議論し、共有していくことが大切なのではないかと思う。

　現在の最新技術を用いても、樹種判定が人頼りだということはいうまでもない。ドローンを活用して、樹種を同定する研究も進められているものの、林業分野が主であるため、対象となる樹種は限られているようだ。また、昨今の技術革新は目覚ましいものがあるが、技術は試験されていくことでデータの蓄積がなされ、精度が上がっていく。同様の技術が積極的に活用され、樹種の同定技術がますます向上していくことを期待したい。

　今回の調査では、いままで聞いたこともない樹種に触れ、まだまだ学ぶべきことが多くあることを痛感した。また今後技術が進んでも、最後の補正・補完には人の知識や経験が必要であり、現場では技術者のスキルが求められることも再確認できた。今後は、三次元レーザースキャナを活用して、巨樹名木の保全ができないか検討している。具体的には日比谷公園の「首賭けイチョウ」の三次元データの作成を行い、経年変化を把握する計画がある。肉眼ではとらえにくい樹木の変化を数値的にとらえることで、適切な管理計画を立てるための判断材料になるのではないかと考えている。

東京 2020 オリンピック・パラリンピック後の選手村のまちづくり

　東京 2020 オリンピック・パラリンピック競技大会の選手村は、中央区晴海 4 丁目、5 丁目の都有地 44ha（東京ドーム 10 個弱。東京ドームの建築面積は 46,755m^2 ＝約 4.7ha）を活用して整備される。前回の東京オリンピックを知る世代には、東京モーターショーが行われた晴海見本市会場があった場所だといえばピンとくるはずだ。当時はアクセスの手段が少ないうえにイベント開催時には大渋滞が発生するなど、公共交通の不便なエリアであったが、都心と臨海部の交通環境の改善が図られつつあり、今日では都心の一等地として住みたい場所の上位となっている。

　大会の開催について、国際オリンピック委員会（International Olympic Committee：IOC）に提出された「立候補ファイル」によると、オリンピックの主催者は「開催都市」として決定されることから東京都であり、経費については、大会時のみに必要な施設や運営は大会組織委員会が、大会後、将来にわたって残される恒久施設は東京都が担うこととしている。選手村については、東京都の用地に整備されるものの、大会後には分譲・賃貸住宅として生まれ変わり、民間事業者の力を活用することとしている。将来的に 12,000 人もの人口増加を見込む地元区である中央区は、さまざまな行政サービスのみならず、とりわけ既存地域との融合や新たなコミュニティ形成など、大会後のまちづくりに主体的に関与していかなければならない。

　2013（平成 25）年 9 月に開催都市が決定して以来、選手村整備のため晴海地区の上位計画である豊洲・晴海開発整備計画（東京都港湾局）の改定をはじめ、地元の意見等も踏まえて選手村の計画、さらには大会後の魅力的なまちづくりに向けた準備が進められてきた。そのため中央区では、地元からの推薦者と公募者から構成される「晴海地区将来ビジョン検討委員会」を設置し、地元区民や東京都とともに晴海地区のまちの将来ビジョンを検討した。

　将来ビジョン検討委員会では、「世界をリードする先端技術を活かし、知的創造を育む居住・滞在・憩い空間」を掲げ、

「つながる」「暮らす」「憩う」「交わる」「支える」という五つのキーワードをコンセプトとして、晴海地区全体を発展させるまちの将来像を描きあげてきた。そのねらいにあるものは、2020年のオリンピック開催を契機として、世界の都市総合力ランキング1位（森記念財団調査）を維持し続ける2012年大会のロンドン市同様、ここ晴海地区においても区民と行政が一体となったまちづくりが継続的に進行し、ひいては都市力のアップを図りたいということでもある。

大会後のまちづくり

　中央区は選手村のできる地元区として、開催都市決定以来、臨海部を含めた将来的な人口増加を踏まえた地下鉄新線やバス高速輸送システム（Bus Rapid Transit：BRT）など交通基盤の整備、新たな小・中学校をはじめとする公共・公益施設や生活利便施設の充実、スマートシティの実現に向けた清掃工場の廃熱利用等の未利用エネルギーの活用などを、東京都に再三にわたり要望してきた。こうした要望に応え東京都は、2016（平成28）年3月に「東京2020大会後の選手村のイメージ図」（図25）を公表し、晴海の将来像を示した。この案では14～18階建の板状住宅を21棟建設し、大会時には選手村として約18,000人が宿泊できる施設を整備し、大会後には、さらに50階建の超高層タワー2棟を建築し、板状棟とともに分譲・賃貸住宅として活用するというもので、これにより住宅の総戸数は約5,600戸となり、すべての整備が竣工する2024年度には、このエリアだけで約12,000人を超える新た

図25　東京2020大会後の選手村のイメージ図（2016年3月作成）
※晴海客船ターミナルの廃止時期は未定。

な居住者が想定されている。選手村のエリア内では、将来の
まちのニーズを見据え、サービス付き高齢者向け住宅や若者
のシェアハウス、外国人向けサービスアパートメント、商業
施設、クリニックモール、保育所などの導入、水素ステーショ
ンの設置、BRT の発着ターミナル、カーシェア・シェアサ
イクルのポートや船着場を併設したマルチモビリティステー
ションの整備、晴海ふ頭公園の再整備など、持続可能な成熟
都市モデルとして「誰もがあこがれ住んでみたいと思うまち
づくり」を目指そうというものである。

　これを受けて区においても、待機児童対策としての子育て
支援施設や公立の小・中学校など必要な公共・公益施設等を
大会後のまち開きに向けて整備する計画を進めるとともに、
晴海地区全体の将来のコミュニティ形成への取り組みなど、
東京 2020 大会後には、晴海地区が世界から注目される「まち」
となるよう着実に取り組みを進めている。

選手村整備を契機とした緑の空間づくり

　大会後のまちづくりでは、うるおいある都市景観を創出し
ていくことも視野に入れている。3 方向を海に囲まれた晴海
地区選手村は、水辺に隣接する地区ならではの都市景観を形
成するエリアとして、船上など海からの景観面にも配慮した
ライトアップなどを活用した景観形成が検討されている。一
方陸側からの景観としても、東京湾、レインボーブリッジや
東京タワーを望む東京の象徴的な都市景観を効果的に演出で
きるデッキスペース等の空間を意識的につくり上げていくこ
とが、魅力あるまちづくりにも有効である。さらにうるおい
ある都市空間の創出にあたっては、将来を見据えた緑化計画
が不可欠であり、晴海ふ頭の先端に位置する現存する都立晴
海ふ頭公園を核に、埠頭の外周部を「水辺のプロムナード」
として、花木をはじめとする多様な樹種で緑化し、水と緑で
囲まれたコースでジョギングやウォーキングが楽しめるよう
な連続した公共空間の創出に取り組んでいる。

　東京湾のベイエリア地区は新たな都市基盤を大規模に整備
できる最後の地区として、その将来性が期待されてきた。臨
海副都心の計画、港湾整備計画等とそれを支える道路インフ
ラの整備など、すでに各種の事業が計画的に進められている。
こうした状況のなか、港湾区域においては海上公園という他
都市にはない計画が着実に進められているものの、緑地空間

を十分に確保していくことは容易ではない。すでに都市計画
道路の計画線がある地域や港湾法など他の法律により制約を
受ける地域、また、行政間においても用地確保が有償対応と
なることなど、高度高密利用が進む市街地において緑の空間
を確保するために乗り越えねばならない課題が多く存在する。
したがって着実に緑化空間を拡充していくためには、都市公
園のみに固執するのではなく、さまざまな手法を活用し多様
な緑空間を確保していくことを考えるべきであろう。
　民間事業者のノウハウを最大限に活用して整備することに
なる選手村街区では、住宅棟の屋上緑化はもとより、敷地内
における公開空地の緑化整備が大規模な緑化空間の創出につ
ながる。また選手村の中央に位置する賑わい軸となる広幅員
36mの道路では、まちのシンボルともなる重層化した並木
道を形成し、圧倒的な印象を与える重厚な緑となり、「ハレ」
の日には、この通りを活用してさまざまなイベントの開催な
ど、地域コミュニティの結節点となる憩いの空間を創出する
舞台となることが期待される。選手村中央に整備予定の小・
中学校の敷地内における食餌木やビオトープ等の整備により、
昆虫や動物にとっても都市での生息空間を確保しつつ、水辺
や運河のプロムナード、複数種・複層構造による街路樹植栽
などによる連続性を確保し、生物多様性にも寄与する臨海部
ならではの計画が提案されている。こうした多角的な視点か
らのきめ細やかな一つひとつの取り組みの蓄積により、緑豊
かな新たな緑化空間を創出していくことができるのも、オリ
ンピック・パラリンピックという大きなイベントだからこそ
であり、多様な事業主体による議論の積み重ね、地元住民と
地元公共団体による地域環境や地域社会の特徴を活かした提
案があってのプロジェクトだからであろう。これらの緑の空
間が一過性のものでなく、安定的に地域や地域社会に評価さ
れるようになるためには、整備後の継続性や維持管理・メン
テナンス等の持続性が、将来にわたって安定的に緑空間を確
保していくうえできわめて重要であり、その様態によっては
東京2020大会の「レガシー」としての賛否につながるもの
であることも強く意識しておかなければならない。

ショーケースとしての持続可能都市
　近年のオリンピック開催にあたっては、開催都市の都市環
境にかかる負荷を極力軽減し、都市の持続可能性をもたらす

よう IOC からも求められている。その実現には開催都市がどのような視点でオリンピック開催そのものをとらえるか、そのコンセプトによるところが大きい。2012年に行われたロンドン大会では、土壌汚染もあり荒廃していた東部のニューハム区を再開発事業によりオリンピックパークとして生まれ変わらせた（写真36）。この地では、慢性的な住宅不足に悩むロンドン市に住宅を供給する一大プロジェクトとしていまなお継続的に大規模な再開発が進行しており、まちづくりの取り組みそのものが「大会レガシー」として根付いている。また、オリンピックパークの緑化修景は、ナチュラルガーデンのデザイン手法を都市レベルに展開した自然再生型の緑化であり、ランドスケープデザインの世界に大きな刺激を与えた。

写真36　ロンドンオリンピック選手村

　ひるがえって東京湾は、東京都心の暑熱を緩和するバッファーエリアとして注目されており、高層高密化によりさらに激しくなることが予想されるであろう都心部のヒートアイランド現象を縮減する機能をもつ存在として期待されている。選手村エリアは、東京湾から海の森、そして都心へ結ぶ「風の道」の玄関口の一つでもあることから、多様性のある自然豊かな都市環境を形成していく要のエリアとして重要性が増している（図26）。

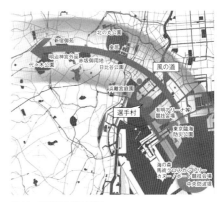

図26　選手村と「風の道」

　私たちがこれから迎える東京2020大会では、国威発揚、経済成長に傾斜した前回の東京オリンピックとは異なる、IoTや世代間を超える英知を結集し、多様性を認め合う文化の根付く「日本らしさ」を表現し、成熟都市、東京ならではのオリンピック・パラリンピック大会を世界に披露していくことが求められている。大会後の選手村を、将来にわたって豊かな都市環境を享受できるような持続可能な都市として整備することにより、国内だけでなく世界から訪れる人びとにもまた訪れてみたい、住んでみたいと思えるような都市環境を創出していかねばならない。こうした取り組みの積み重ねにより、東京2020オリンピック・パラリンピック競技大会は世界のすべての人びとに新たな価値と文化を創造するインクルーシブな都市の新たな魅力を示したものとして語り継がれるだろう（写真37）。

写真37　選手村予定地とその周辺の航空写真

第2章　緑の技法　拡がる活動　107

植栽工事一時中止に伴う植物の保管、仮置きに対する処置方法

　緑をつくる造園の植栽工は、すべての建設工事の最終段階、すなわち竣工直前の時間的余裕のない中で行われることが多い。さらに各種の工事で荒れた場所に、廃棄物などが片付けられていない状態で作業し、そのうえ、移植不適期であっても、植物を植えなければならないということもまれではない。これは、慎重な配慮が要求される生き物を扱う造園工の宿命と言え、業界内ではかなり以前から問題視され、繰り返し対応策も提案されてきたが、根本的な改善策が見つからないまま、やむを得ないこととして受け止められてきた。大規模な工事で大木などの材料が搬入できない場合や、人工地盤などの特殊な工事においては、建築工事と並行して、かなり前から植栽工事を行う例もあるというが、まれな例であろう。

　筆者がこれまで経験した多くの事例でも、民間建築工事のうち、植栽工事は、おおむね工事工程の後半部分に位置することが多かった。しかし、時として、部分先行工事として工程変更がなされることがある。この場合、これまでの経験だけでは対応できないような問題も発生し、またマニュアルにはないような特別の配慮が必要となる。今後は、このような事例が増加することも予想されることから、多くの人びとの目に触れるよう文字に残しておきたい。

植栽工事を一時中止した事例

　紹介する事例は、当初予定どおりの植栽材料を現場に入荷し施工しようとしたとき、その直後の工事打ち合わせの結果、建設工事の進捗あるいは近隣との問題発生等により、植栽工事を一時見合わせることとなり、植栽材料を一時保管しておかなければならなくなったというものである。こうした場合、植物を仮植えして保管するが、その仮植え方法は保管期間の長短や仮置き場所の土壌特性によって根伏せするものや、きちんと立て込むものなどがあり、また仮置き期間の植物の養生がどの程度可能かということの違いで、植物の状態が異なってくる。特に根系の状態が重要であり、その後の移植、活着や成長に大きな影響を与えることは言うまでもない。

仮植え期間は3月下旬から9月中旬の約6か月で、工事現場ではなく圃場で保管した。樹種は、カシ類、シマトネリコ、モミジ類、ヤマボウシ、ハナミズキ等で、樹高3～4mのものが約30本程度であった。このうち、カシ類などの常緑樹は砂質土の場所へ、落葉樹は根鉢下部より3分の2までを同じ砂質土で、上部3分の1をバンブーチップ材（マダケの稈と地下茎と根系部分を破砕機により粉砕し約1年経過したもの）を覆土とした。これらの処置を採用したのは、落葉樹は夏期の日照による葉傷みを受けやすいのでこれを防ぐため、また根からの水分蒸散を抑制することを考えたからである。

仮植え期間中、7月下旬の梅雨明けまでは降雨のみの灌水とし、その後2か月間は月2回程度のホースによる手灌水とした。夏の約6か月の仮植え期間中、樹木には特筆するような問題はなく、健全に推移しているようだった。6か月後に掘り取り作業となったが、覆土の条件の違いによって根の伸長に著しい差が生じていた。

砂質土部分での発根は約15～20mmであったのに対し、バンブーチップ材覆土部分は約30～45mmであった。この伸長量は以前に経験したことのあるウッドチップ材マルチより大きな値であった。これまでの経験から、根の伸長に影響を与えるといわれる土壌の通気性、保水性が優れていたからだと推察できた。仮植えした根の伸長量が多かったものは、本工事から2年経過したあとも、枯損や植え傷みもなく、除草のみで特段の維持管理作業をしなくとも、樹勢は旺盛で樹姿も良好に推移した。

バンブーチップ材と木質チップ材のマルチング効果を比較

写真38　撮影年月日：2017年2月21日　撮影場所：愛知県豊橋市北部
行政代執行により家屋近接10m全伐、それ以外50％間伐により、モウソウ林整備が行われた。1年経過の状況は、伐採されたモウソウ林は近隣に道路・管理用通路等がないため、搬出および再利用はされなかった。現地にて筋置き、カゴ置きとなった。
この竹林整備によって景観向上および家屋・隣地への落葉、倒木等の被害が削減された。

第2章　緑の技法　拡がる活動　109

した研究は少ないので、このような差が出た理由を客観的かつ具体的に議論することはできない。

しかし、今回使用したバンブーチップ材は河川堰堤整備に伴って発生したものであり、一般的に伐採された竹は産業廃棄物として処理されるものである。紹介した事例は、堆肥作成という名目で個人的に少量譲り受けたものであったが、根の伸長促進に有効であったことを考えると、廃棄物の有効利用の一つとして緑化の現場において十分効果が期待できる。したがって、利用をもっと検討されてもよいと考える。

また、モウソウチクの侵入が里山のクヌギ・コナラ林の健全な持続を妨げているという研究報告が多くなっていると聞く。また民有地、公有地の竹林が社会生活に及ぼす影響も大きく、モウソウチク林が伸長拡大することによる家屋、道路交通への障害等が各地で問題になっているという。公共団体の中には里山林整備という名目で、公有地と同時に民有地の竹林を大規模に伐採整備するという行政代執行を始めたところもある（写真38）。このような状況で発生する植物性廃棄物を単なる産業廃棄物としないよう、環境展などに展示されるようになった竹の粉砕物をアルコール発酵させて熱エネルギー回収する技術や、短時間で堆肥化する発酵技術などを実用化に向けて完成させる必要がある。

所有者の高齢化によって里山が荒れてしまうことが危惧されているが、竹林の所有者と行政に加え市民も含め知恵を出し合い、有効な解決策を考えねばならない段階にきている。荒れた里山の整備に向けた竹林管理が進むことで、レクリエーション空間としての景観価値や利用機能が向上し、里山全体の景観改善へとつながることが望まれる。

教育現場、特に高等学校における緑の扱いとその実践

「電線が何本もあってごちゃごちゃしている」「樹木が電線に重なっていて邪魔で危ない」街中を車で走っていると、このような風景に出会うことがある。「特に気にならない」という人もいるかと思うが、あなたはどのように感じるだろうか。筆者は現在、高等学校で理科、特に生物を専門として日々の教育活動に従事している。文部科学省によると、高等学校理科の目標は「自然の事物・現象に対する関心や探究心を高め、目的意識をもって観察、実験などを行い、科学的に探究する能力と態度を育てるとともに自然の事物・現象についての理解を深め、科学的な自然観を育成する。」とされており2017年現在の学習指導要領は2009年に告示され、高等学校理科は2012年度入学生から導入されている。「生きる力」を育むという理念のもと、知識や技能の習得とともに思考力・判断力・表現力などの育成を重視している。理科の授業で「緑」に関する内容を扱う科目は「生物基礎」（2単位）と「生物」（4単位）である。

生徒たちが日常生活で樹木を見たら、まず「この木は何だろう」と関心をもってもらいたい。そして「樹形からすると〇〇だな」と判断できたり、「窮屈そうでかわいそうだな」「街路樹にはどんな樹木が向いているのかな」と考えてもらえるようになってほしい。それが学生時代に緑の分野を学んだ理科教諭としての役割だと考えている。

私たち理科教諭は生徒の「緑」に対する興味関心を高めるために、授業をどのように改善していけばよいのか。また、筆者の奉職する高等学校の所在地である福島県は、東日本大震災後の福島第一原発事故により放射性物質飛散の影響を受けた。その被害を、事故後6年が経過した2017年現在でもさまざまな面において受け続けている。この事故によって生徒の「緑」に対する意識（自然観）はどのように変化したのか。これからの福島の「緑」を豊かなものにしていくために、この事故からの復興について授業でどのように扱えばよいかを考え続けている。その一部を紹介する。

本校は福島県郡山市の南側に位置する須賀川市の中央にあ

る。オフィス情報科1クラス、普通科5クラスを設け、地域の人材育成を目的とした2017年に創立109年を向かえた歴史を誇る伝統校である。2年生のときに生物基礎を履修した普通科の3年生182名に生き物に関するアンケートを行った。

アンケート調査の内容と調査結果
アンケートの内容は大きく次の二つである。
（1）生物基礎の授業を受ける前後の緑（自然環境や生き物）に対する意識の変化
（2）東日本大震災による原発事故による緑（自然環境や生き物）に対する意識の変化

なお、このアンケートでは自然環境や生き物（動物、植物等）をまとめて「緑」と表現している。
結果は次のようであった。
まず（1）に関しては、図27より約半数の生徒が、緑に興味をもっていたことが示された。その理由（図28）としては生徒が住んでいる住居の周辺環境から受ける影響が大きく、「子どもの頃に外でよく遊んでいた 43％」「家の周辺が緑に囲まれていた 38％」「農業を営む家族の手伝いや家族の緑とのふれあい活動 11％」などを通じて緑を身近に感じていることがわかる。

生物基礎の授業の履修後に緑に対する意識が高まったのは約4割に対し、約半数の生徒は意識が低くなったかもしくは変化がなかった（図29）。

「緑に対する意識が高まった」と答えた38％の生徒に対してその理由を聞いたところ、「生物に関する知識が増えた 37％」「日常生活で生物に興味関心をもつようになった 23％」「生物の仕組みを学んだ 19％」また「授業が楽しかった 12％」となり、授業と身の回りのことがきっかけになっていることがわかる（図30）。

反対に、「緑に対する意識が低くなった・変わらなかった」と答えた54％の生徒に対してその理由を聞いたところ、「緑に興味がない 33％」「授業が難しい 31％」「授業が面白くない 16％」「高校生になって緑に接する機会がなくなった 5％」という結果が得られた（図31）。「授業が難しい・授業が面白くない」と答えた生徒への対応としては、授業で日常生活に身近な題材を提示したり、わかりやすい説明を心が

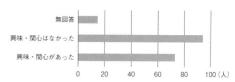
図27　以前から緑に興味があったか

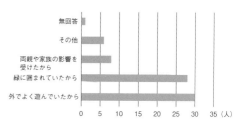
図28　緑に興味があった理由

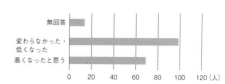
図29　生物基礎受講後の変化

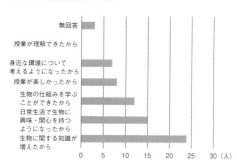
図30　緑に対し意識が高まった理由

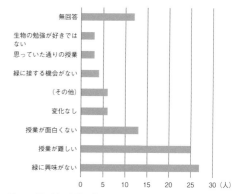
図31　緑に対し意識が高まらなかった理由

けることによって授業が面白いと感じたり緑に興味をもってもらえたりするような工夫をすることが必要である。また、同じ学年であっても授業時間数や文系理系のクラス編成によっては、同科目を複数の教員で担当する場合がほとんどであるため、担当教諭同士の情報交換を密に行うことも必要であり、実験などもできるかぎり同じように行うことが望ましい。

生物基礎の授業を受けたことで「もともと緑に関心があったが、さらに高まった 24％」「もともと緑に関心はなかったが、関心が高まった 17％」「もともと緑に関心があったが、授業後にその関心が高まることはなかった 19％」「もともと緑に関心はなく、授業後にその関心が高まることはなかった 40％」という結果が得られた（図32）。「もともと緑に関心があったが、授業後にその関心が高まることはなかった 19％」の生徒たちの興味が高まるような授業の工夫が必要である。

自分が理科の先生だったらどんな授業がしたいかについては、「実験や実習の時間を増やす 55％」「わかりやすい授業をする 31％」という結果が得られた（図33）。高等学校の授業に多く見られる講義形式の授業形態だけではなく生徒自身が手を動かして実物の生き物に触れることができるような授業が求められていることがわかった。

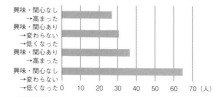

図32 授業前後の緑への関心の変化

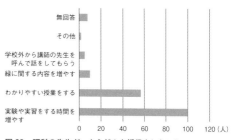

図33 理科の先生だったらどんな授業をしたいか

東日本大震災による原発事故による緑（自然環境や生き物のこと）に対する意識の変化

「原発事故後に緑に対する考えは変化したか」という問いに、「変化した 37％」「変化していない 53％」という結果が得られた（図34）。

アンケートに回答した生徒は中学1年生13歳のときに東日本大震災を経験している。福島県内の放射性物質の飛散量は場所によって大きく異なる。除染の基準は放射性物質汚染対処特措法において定められており、「除染特別地域」と「汚染状況重点調査地域」が規定されている。本校の生徒が居住している郡山市、須賀川市、鏡石町などは汚染状況重点調査地域に含まれる。この地域は、年間の追加被ばく線量が 1mS 以上、つまり1時間あたり 0.23μS 以上となる区域について除染実施計画を定め、除染を実施する区域を決定することとしている。このため、汚染状況重点調査地域として指

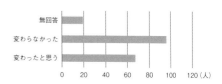

図34 原発事故後に緑への関心は変化したか

第2章 緑の技法 拡がる活動　113

定を受けた市町村の全域が除染実施計画を定める区域になるとは限らず、自宅やその周辺が除染の対象となった生徒とそうでない生徒が混在している。そのためこのような結果になったことが考えられる。

　原発事故後に「緑に対する考え方が変化した」と答えた37％の生徒に対して具体的な内容を聞いたところ「緑は汚れている 33％」「除染されていない場所には行かない 31％」「緑は将来的に健康に悪影響を及ぼす 20％」「自宅の庭で採れたものは食べないようにしている 4％」という結果が得られた（図35）。

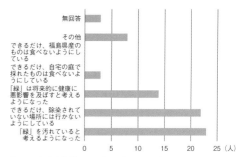

図35　原発事故後に具体的にどのような変化があったか

　「福島県の『緑』を原発事故が発生する前と同じようにするために、自分に何ができるか（自由記述）」では、112名、約61％の生徒から回答が得られた（図36）。

・今の福島の野菜は風評被害で他県から拒絶されていることが多いが、福島の食べ物は安全だと知ってもらうことから始めなければならないと思う（男性）
・家でおこなっている兼業農家を受け継ぎたい（男性）
・これから「緑」にかかわる職に就くので、農家の方との安全に食べられる組織を作ろうと思う（女性）
・放射性物質を過剰に気にしない（男性）
・時間が解決してくれると思う（女性）
・私自身ができることはこの原発事故のことを忘れないようにし、これから生まれる子どもたちにこのことを伝えていきたいと思いました（男性）
・原発事故前と変わらない生活をする（女性）
・一人ひとりが幸せに暮らして、福島を明るくする（女性）
・緑を大切にする（女性）
・自分自身が福島県の「緑」に多く触れ合っていきたい（女性）

　原発事故後、福島県内の新聞やテレビのニュースで盛んに取り上げられているのは県産農産物に対する風評被害についての問題である。生徒たちの関心が「食」に関する安全性に向けられていることがわかった。一方「緑」については自宅周辺に樹木や花を植えることや、緑に触れる機会を増やすことなどがあげられていた。

図36　原発事故前と同じような「緑」にするため自分でできること

まとめ

　この調査をまとめたとき、東日本大震災による原発事故から7年が経過している。原発事故後、福島県民を取り巻く環

境は大きく変化した。「福島県」と一口に言っても、その面積は日本全体でいうと北海道、岩手に次ぎ3番目に広く、飛散した放射性物質の量も場所によって異なる。浜通りの相双地区には未だに帰還困難区域が存在し、避難生活を余儀なくされている方がおられる。自主避難した生徒が、転校先でいじめにあっているニュースがテレビでたびたび報道され、同じ県民として心が痛む日々である。中通りの郡山市では、庭の放射線量が毎時1.4μSを超えたため市の業者によって芝生がはぎとられ、代わりに山砂を敷く除染が行われることがあった。除染によって放射線量は毎時0.1～0.2μSまで下がったが、そこからはいままで一度も生えたことがなかったスギナが姿を現し、その除去に苦労している。汚染された土壌は未だに自宅の庭に埋められたままだったが2017年5月に中間貯蔵施設への運び出しがようやく始まった。また、須賀川市の翠ヶ丘公園には希少なチョウが生息していたが、除染のために表土がはぎとられ、すみかを失ったチョウはいつの間にか姿を消してしまった。私たちに潤いをもたらす芝生やチョウがいなくなった場所がある一方、筆者が住む須賀川市内の別の地域では原発事故後の放射線量が他に比べて低かったこともあり、事故発生時から5年経過した2016年夏に、ようやく市による放射線量の調査が行われたという状況である。アンケート結果から、原発事故により、自然環境や生き物といった「緑」に対する意識の変化について、37％が「変化した」、53％が「変化していない」という結果が得られたが、これは生徒の居住環境の放射線量の多少に影響されていることが推測される。同じアンケートを福島県内の他地域で行えば、当然違った結果が得られる。これからの福島の「緑」を豊かなものにしていくために、私たち福島県民にできることは何だろうか。一つにはインターネット上に流れるさまざまな噂に振り回されるのではなく、福島の現状を詳しく知り行動することである。「代々受け継いできた農地と触れ合う農業をこれからも担っていきたい」「家に花をたくさん植えたい」「積極的に緑に触れ合える機会を作りたい」。どの生徒もそれぞれのやり方で自然と触れ合いながら「豊かな心」を取り戻したいと考えている。

　二つ目に、筆者は理科教諭として、そういった生徒に寄り添いながら生物の面白さ、緑の豊かさを伝えられるような授業を展開したいと考えているが、いくつか生徒側にも課題が

ある。「ツクシとスギナはまったく外見が異なるが同じ植物である。ツクシは胞子で増える、ツクシはシダ植物である」等、理科の基本的な知識や理解に乏しい生徒がクラスに少なからずいる。そうなると、生徒が基本的な知識を有しているという前提で教師側が一方的に講義するだけでは、生徒の理解は進まないし、さらに新しい知識を得させることはできない。また、生徒の自然体験の少なさがイメージ力の低下を招いていると感じる場面が、近年多くなっている。例えば、ツクシは花を咲かせて種子で増える被子植物だと思っている生徒がいる。自然の中で遊ぶ機会が多ければこのようなことは起こらないのではないだろうか。

　三つ目に、生徒たちはさまざまな体験をする機会が少なく、私たち大人があたり前にできることができない場合がある。中学校に勤務していたとき、ガスバーナーを点火するテストを行ったことがある。教科書では点火の手順のなかでマッチを使用するように記載されていたため、そのとおりに行ったが、最後まで合格できずに残った女子生徒がいた。点火できなかったのはガスバーナーの操作手順を間違ったからではなく、「いままで一度もマッチを擦ったことがないから怖くてできない」という理由だった。

　これらの課題を解決するために重要なことは高等学校や大学で一般的に行われている従来型の授業スタイルである「一斉講義形式」にとらわれない、生徒自らが行う主体的な学びを展開することである。文部科学省で2016年度全面改訂、2020年度本格実施される予定の次期学習指導要領の中で「課題の発見・解決に向けた主体的・協働的な学び（いわゆる「アクティブ・ラーニング」）」を盛り込むことについて、議論、検討が重ねられている。要するに講義一辺倒の授業からの脱却である。高校の授業では知識を授ける場面がどうしても必要であるため、講義をすることは避けることができない。しかし、話を聞かせるだけでは単調になりがちな授業も、映像や実物の力を利用することで下を向いている生徒の顔が上がり授業が活気づくため、筆者は授業に必ず写真や実物をもっていくようにしている。このやりかたであれば生徒の興味関心を引くことができると同時に、生徒と教師が同じイメージをもって授業の内容を進めることができる。また、筆者は毎時間終了後に全員の板書ノートを点検してＡ～Ｃの評価を与えるノート指導をしている。これは生徒に緊張感を与えるた

めか、授業中に寝る生徒は一人もいなくなる。

　限られた授業時間ではあるが、実験や実習をできるだけ多く授業に取り入れることが重要だと考えている。その際に心がけていることは「やってみせ　言って聞かせて　させてみて　ほめてやらねば　人は動かじ」という山本五十六の名言の実行である。実験の手順は口頭で説明するだけでなく、教材提示装置を使って「やってみせ」注意点を「言って聞かせて」生徒の活動時間を十分に確保したうえで「させてみる」。できたら必ず確認してＡ～Ｃの評価を与えて「ほめてやる」。Ａの評価をもらった生徒は、まだもらっていない生徒に教えてあげるように指示する。教える側も教えられる側も互いの理解が進みやすい。このように、授業が講義だけに偏らない工夫が有効だと感じている。

　最後に、本校を卒業し福島大学共生システム理工学類に進学したＡ君の活動と意見を紹介したい。彼は高校在学中から昆虫に大きな関心をもっており、野外での昆虫採集をはじめ、須賀川市内にある「ムシテックワールド（ふくしま森の科学体験センター）」でのボランティア活動等を行っていた。「原発事故後の環境は、除去土壌置き場が設置されたり、除染によって草木が除去されたりしているので、まずはそれらの撤去と除去された草木の移植が必要だと思います。原発事故後、立ち入り制限によって田畑が放棄されて、人が管理できなくなったために絶滅してしまった生き物もいるので、また人が管理するようにするのも大切です。僕はいま、大学の仲間と松川浦で外来種の駆除を続けています。津波後に入り込んだウシガエルが在来希少種の数を減らしているのです」と彼は言っている。

　松川浦は福島県相馬市の海岸沿いにある潟湖で、県内でも風光明媚な場所である。かつては潮干狩りやノリの養殖が盛んであったが、東日本大震災では30mのしぶきを上げる津波により甚大な被害を受けた。松川浦大橋が通行不能となったほか、底質や地底の変化など、震災前と比較すると自然環境は大きく変化した。須賀川市から相馬市松川浦まで行くとなると、車で高速道路を通行して片道2時間、一般道では片道2時間半以上かかっていた。彼のような活動ができる生徒はまだ少数だが、一人でも多くの生徒がこのような活動に参加できる情報を提供するとともに、自ら行動しようとする意欲をもってもらいたいと願っている。

私たちの生き方が問われている
未来の子どもたちが豊かな地球に生きるために

1980 年代の環境教育活動

　日本において環境教育活動が大きく胎動したのは 1980 年代である。1970 年代は学校教育内で取り扱う公害教育のなかで「環境教育」が使用されはじめていたが、のちに収斂される自然保護教育や野外教育、消費者教育、開発教育などの概念を包括した「環境教育」は、まだ黎明であった。経済界には、まだ環境と経済の両立の視点は見えず、自然保護教育や公害教育でさえ産業界からは批判的にとらえられる傾向にあった。「市民の参画」や「官民協働」などが想像できなかった時代である。

　1980 代年に入ると、日本は、ラムサール条約（特に水鳥の生息地として国際的に重要な湿地に関する条約：Convention on Wetlands of International Importance Especially as Waterfowl Habitat）、ワシントン条約（絶滅のおそれのある野生動植物の種の国際取引に関する条約：Convention on International Trade in Endangered Species of Wild Fauna and Flora）など国際的な自然保護に関する条約に加盟した。1981 年には日本野鳥の会が北海道苫小牧市のウトナイ湖にサンクチュアリーという初めての野鳥保護区を設立し、野鳥の会職員であるレンジャーが活躍を始めた。続いて、行政や環境庁（現在の環境省）が「自然観察の森」を各地域に設置し、付属施設としてネイチャーセンターをオープンしていく。市民にとって自然と触れ合える機会が増え、地球規模の環境問題に関心が寄せられていくようになった。

日本環境教育フォーラム（JEEF：ジーフ）の発足

　1987 年、筆者が設立と運営にかかわった日本環境教育フォーラム（Japan Environmental Education Forum、JEEF ジーフ）は、前身の清里環境教育フォーラム（初回は別名、現在の清里ミーティング）として第 1 回目の会合を開いた。当時、地域で積極的に活動していた自然保護協会（現在の日本自然保護協会）の自然観察指導員や学校の教職員、ボーイスカウト、野外活動を行っている団体や個人たちにとって、自然保護や自

然体験に関する情報は自分たちが活動する組織や地域内に限られており、オール・ジャパンで共有する機会がなかった。そこで、環境庁やジャーナリスト、自然保護団体、大学教育者の有志が集って、日本で初めて、これからの日本の自然体験の場や環境保護の方法について、自由に意見を述べ合い、これからのあり方を考えるための場を開催したのである。会は5年間の期限を設け「日本型環境教育」をまとめることを目的とした。2年目に団体の名前に「環境教育」を配し、これが現在のJEEFへと継続されていく。

JEEFのスタートと同時期である1988年には、環境庁が初めて環境教育指針を発表し、1991年に文部省(現在の文部科学省)が「環境教育指導資料(中学・高等学校編)」を発行した。このなかで、環境教育の目的について「環境問題に関心をもち、環境に対する人間の責任と役割を理解し、環境保全に参加する態度および環境問題解決のための能力を育成する」と定義している。1990年には、当時のJEEFのメンバーらが立ち上げに尽力した日本環境教育学会を設立した。

1980年代以降の環境の時代

1980年代から30年以上経った現在、「環境教育」という言葉は誰でもが耳にする一般的な用語となった。特に、1992年のブラジルのリオ・デ・ジャネイロで開催された「環境と開発に関する国際連合会議(United Nations Conference on Environment and Development、地球サミット)」で採択された「アジェンダ21」は、環境教育の役割に大きな責任を与えた出来事だった。「アジェンダ21」では、加害者と被害者が二元論で語られていた公害問題とは異なり、地球規模で発生している環境問題は、人間自らが「被害者であり加害者である」ことが自明となり、一市民から経済界全体までもが環境問題に取り組まなくてはならないことに合意を促したからである。翌年、1993年には、環境庁が中心となって国と民間が拠出する「地球環境基金(環境省所管の環境再生保全機構により運用される環境基金)」が設立され、学校や小さな団体が日本各地の環境問題に取り組むために必要な助成金が交付されるようになった。1990年に設立された「イオン財団(現在のイオン環境財団)」のように環境活動に助成する民間団体も活発になっていった。

また、1998年に制定された特定非営利活動促進法(NPO法)

も画期的な出来事であった。地方の小さな団体にとって、社会や行政から信用を得ることはやさしいことではない。NPO法人すべてが健全である保証はできないが、NPO法人を取得することによって、助成金応募の際やきめ細かい活動をする際の社会的担保が得られ、各地域で市民活動団体が大きく成長した。1995年に起こった兵庫県南部地震による大規模地震災害「阪神・淡路大震災」においては、私たちをはじめ、多くのボランティア活動の活躍が社会に浸透したが、NPO法によってこれらのボランティア団体が組織としての信用を得られる追い風にもなり、環境教育活動が社会福祉の世界に浸透していくきっかけにもつながっている。

1998年には、学習指導要領に「総合的な学習の時間」が記載され、1999年には環境省の中央環境審議会が「これからの環境教育・環境学習」を発表し、子どもたちによる環境活動を展開していくことが保証されていく。

1999年には地球温暖化対策の推進に関する法律（地球温暖化対策推進法）が施行されたことに伴い「全国地球温暖化防止活動推進センター」が設置され、市民生活レベルからの環境意識への啓発が強まっていく。

日本環境教育フォーラム（JEEF）の30年

任意団体であったJEEFは、1997年に社団法人化し、2010年に公益社団化する。JEEFは、この30年の間、さまざまな活動を展開し、環境教育活動の普及に努めてきた。1年に1度全国各地から集まって情報交換をする場は「地域ミーティング」へと発展し、JEEFは北海道、東北、関西、九州と、各地域の特色ある自然や人間同士の交流の場を支援している。1987年に第1回会合を開いた山梨県北杜市の清里では、現在も1年に1度、全国各地から200名ほどが集まって環境教育の最新の話題提供や情報交換を行う「清里ミーティング」として会合を実施しており、2016年11月で30回目を迎えた。

1992年のリオ・デ・ジャネイロで開催された「地球サミット」のあとは、さまざまな企業からの問い合わせが増加し、1993年に、社会人や一般市民を対象にした環境学を学ぶ場として、初めて、企業との協働事業「市民のための環境公開講座」を開始した（安田火災海上保険、現在の損害保険ジャパン日本興亜との共催）。地球サミットの影響を受け、各企業には

「地球環境室」が設置されたが、職務担当者にとって、日本や海外の自然の特徴や環境問題の詳細について学ぶ機会がほとんどない状態であり、JEEFが企画した専門性の高い講義は、まさにうってつけの機会となった。市民、企業、環境団体が、ともに学ぶ場としての成果を達成する機会となっており、現在のCSR活動に継承されている。

また、JEEFは全国各地の自然学校の普及にも支援を行ってきた。自然学校とは、自然をフィールドにした環境教育活動を提供し、社会的責務を果たしている団体・組織のことである。JEEFでは、自然学校とは、年間を通して提供できる「場」、プログラムの運営ができる「人材」、通年において実施できる「プログラム」、自然学校のミッションや公益性、社会との関係性を構築する「プロデュース」、組織、人、フィールド、情報などの安全管理と危機管理システムをもつ「安全性」、これら五つを総合的にマネジメントし、社会的信用を得て、健全に運営するための「システム」という六つの要素を構成している組織・団体と定義している。1980年代に各地で萌芽した自然学校は、JEEFによって支援を受けながら成長を続けている。その役目は、時代とともに変わり、現在は、地域に溶け込んで「持続可能な開発のための教育：ESD（Education for Sustainable Development）」[※1]の役割を担っている。

JEEFは、1997年から2007年にかけて、環境教育活動における指導者養成システムを構築した（「自然解説指導者育成事業」：環境庁（当時）受託事業）。本事業では、「自然学校指導者養成講座」（2000年開始）において、自然学校で機能する人材を養成し、2015年までに100名以上の人材が各地の自然学校で活躍している。

また、海外での活動は、日中韓環境教育プロジェクトや、インドネシアやバングラデシュなどのアジア各国での環境教育の支援、アジアに工場をおく企業などへのCSR活動を担い、実績を積んでいる。

持続可能な開発

JEEFが活動を開始した1987年という年は奇しくも、「環境と開発に関する世界委員会（ブルントラント委員会）」による最終報告書「Our Common Future（われら共有の未来）」が国連に採択された年でもある。この報告書によって、「持続可能な開発（Sustainable Development）」とは「将来世代の欲求

を満たしつつ、現在の世界の欲求も満足させるような開発」であるという定義が広く認知されるようになり、環境問題の構造的課題が洗い出される。その後、1992年リオ・デ・ジャネイロで開催された地球サミットへと引き継がれていく。そして、さらにこの報告書のミッションは、現在のESDや「持続可能な開発目標：SDGs (Sustainable Development Goals)」[※2]へ継承されている。

「われら共有の未来」が明らかにした環境問題の構造的課題では、環境問題とは人間の活動から生まれる問題であり、経済問題や資源・エネルギー、人口、貧困、ジェンダー、食糧、開発、平和問題などと不可分にかかわっている。そのため、一つの問題を解決するためには、それと同時に他の問題も解決しなくてはならないという複雑な構造をもっている。地球温暖化問題における気候変動対策のこれまでの経緯に表れているように、先進国のツケを発展途上国が負うようなかたちの取り組みでは世界各国間での合意はできない。環境倫理では、現在の世界の貧富の格差を是正すること（世代内公正）、次の世代に課題を負わせないこと（世代間公正）、人間と人間以外の生き物や無生物との間の公正を図ること（種間公正）、これらの公正を実現することが求められているが、理屈では理解できてもこれらを現実的にどのように具体化できるかを提示することは難しい。したがって私たちがいま直面している環境問題は、私たち一人ひとりの「生き方」の問題に帰結することになる。環境教育とは、環境問題を解決するための教育である以前に、自分のなかにあるあらゆるエゴイズムを把握し、脱エゴイズムに対するチャレンジや、異なる価値観や異文化への理解、他者とつながるための深いコミュニケーション能力を育てることである。自分、自分と他者、他者同士の人間関係、それらの人間と自然を結ぶ関係を良好にするためのあらゆる学び、ともいえる。即効性はないが、このチャレンジを継続していくことでしか未来に生きる人と地球を守ることはできない。

持続可能な開発のための教育（ESD）

このような文脈でみると、2005〜2014年に行われた国連キャンペーンの「持続可能な開発のための教育（ESD）」（図37）は、私たち民間団体が行う環境教育活動にとって、大きな励みとともに試練にもなった活動であった。地域の自然や

暮らしが今後も安全に継続できるためには、地域内のさまざまなセクターと協働して課題解決に取り組むことを実証しなくてはならないからである。

ESDの事例をいくつか紹介する。中池見湿地（福井県敦賀市、2012年、ラムサール条約登録湿地）では、地元のNPOや学校、行政が協働し、湿地内に生息していた要注意外来種のアメリカザリガニの全駆逐に成功している。その後も継続して防除に取り組んでいる。愛知県立豊田東高校では、近くを流れる矢作川に大量発生している特定外来生物カワヒバリガイの生息調査を実施し、その原因が輸入シジミに混じって国内に入ってきたことを解明し、身近な環境と輸入される食との関係について考察を深めた。

アニマルパスウェイと野生生物の会では、「アニマルパスウェイ」という造語を用いて、企業、研究者、市民、行政などが協働して、樹上性生物の保護活動を行っている。具体的には、道路架設や広域開発等によって分断された森を、独自にデザインした軽量のブリッジ（パスウェイ）でつなぎ、樹上性生物の通り道を守るという活動である。アニマルパスウェイの1機が設置されている那須平成の森（栃木県那須町）では、設置した当日夜にヤマネ（ヤマネ科）が利用したことがわかった。さらに、英国でこのパスウェイを設置したところ、それまでのブリッジには全く反応しなかった小動物がこのパスウェイを利用したという成果もあげた。このような活動から得られた知見は、野生生物の生態の解明、生息地分断がもたらす生物への影響の解明、ロードキル対策における新たな実績、国際協働、人材養成などがあげられる。筆者らが一般の人にアニマルパスウェイを紹介することによって、環境に無関心だった人にとっては環境教育としての原体験にもなり得る。

筆者は、聞いた人が理解しやすいように「ESD」を「持続可能な地域づくり」と言い換えて使用している。地域に存在する環境問題やその他のさまざまな課題に対して、多様なステークホルダーが垣根を超えて協力し協働することによって課題を解決する（図38）。この成功体験のシナジーは、いままでに「身近にいてその存在は知ってはいたが人となりまではよく知らなかった」人どうしが、この体験を通して、お互いを理解し人間関係が深まるということにある。プロセスの段階で異論をぶつけ合うことによって、結果として同じ価値

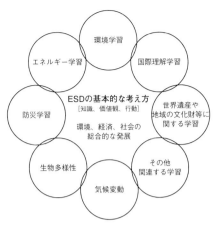

図37　ESDを支える教育分野
（環境省環境教育推進室（2007年当時）の報告

図38　地方の地域資源を持続可能なかたちで最大限活用し、経済・社会活動を向上させる。

観にたどりつくことができる。疎遠だった距離感が縮まり、さらに次の活動に発展していく視点を共有する。とても大きな学びを共通体験することによって郷土愛が強化される。しかし、ESDの活動によって得た経験は、成功事例ばかりではない。2011年に起きた東日本大震災による福島第一原発事故がもたらした、原子力に依存するエネルギー問題に対する異論や課題は、現在、何の進展もないように思える。異質なものと出会い、協働のプロセスを経験することに対して、臆病になってしまう地域や人がおり、行政がある、ということではないか。異質なものと出会ったときに起こることを、前向きにとらえ、新しい価値観を共有するまでに至ることは、そう簡単なことではない。これは筆者が日本各地でESDの活動を行うとき、たびたび、痛感していることである。

環境教育と原体験

　一般的に環境教育活動は、あらゆる場面で生涯にわたって行うことが重要であるとされている。幼児期には、自然や環境に対する直接体験が有効で、感性学習ともいう。学齢期には、環境について知識や技術を学ぶ。成人期以降は、自然や環境に対して、これまでに培ってきた感性や知識を生かして、実際の行動や実践を行う。前述でアニマルパスウェイが原体験になり得ると書いたのは、原体験に出会うのは幼児期に限ったことではないということだ。学齢期や成人期以降でも、それまでのその人の人生において環境に関する感性や知識を体験するキャリアの少ない人にとっては、あらゆることが原体験としてのインパクトになることがある。パスウェイは非常にわかりやすいツールなので、「分断された森林」「森林に依存する樹上性生物」「人間による環境保護活動」の3点が一挙につながり、環境教育の「見える化」がなされ、原体験としての強力な「！」になるのではないかと思う。

主体的に学ぶということ

　2017年に改訂された小中学校の新学習指導要領も、私たちにとっては励みになる。「アクティブ・ラーニング」の言葉は採用されなかったが、代わりに「主体的・対話的で深い学び」という表現がなされている。「アクティブ・ラーニング」とは、「何を学ぶか（コンテンツ）ではなく、どのように学ぶか（プロセス）が重要である」という視点で学び方そのものを

改善しようとする考え方である。筆者はこの文部科学省の提案はとても画期的なことだと思った。具体的には、2012年の中央教育審議会の「質的転換答申」に記載がある。「生涯にわたって学び続ける力、主体的に考える力をもった人材は、学生からみて受動的な教育の場では育成することができない。従来のような知識の伝達・注入を中心とした授業から、教員と学生が意思疎通を図りつつ、一緒になって切磋琢磨し、相互に刺激を与えながら知的に成長する場を創り、学生が主体的に問題を発見し解を見いだしていく能動的学修（アクティブ・ラーニング）への転換が必要である」とある（このときは、教育現場から具体的に「どのような授業を行うべきなのか」などとの不安や戸惑いの声が上がり「アクティブ・ラーニング」の言葉の記載は見送られた）。

　「学び」とは「発見」であり、「発見」することは「喜び」である、と筆者は思っていて、能動的、主体的にかかわらない限り自らが「発見」することはできない。しかも、「喜び」にならないものは「学び」ではない、という評価軸をもって自分のインタープリテーションを自己評価している。上記の答申にある「教員」を「インタープリター」、「学生」を「参加者」に置き換えると、インタープリテーション活動によく似ていることがわかる。このような学び方は、体験学習法に則った環境教育プログラムを展開している筆者たちにとっては比較的得意分野なのである。

　筆者は現在、栃木県那須町にある「日光国立公園那須平成の森フィールドセンター」でインタープリターとして活動している。ここは、2011年に開園した那須御用邸に付属する森の半分が開放された森で、来園者は自由に散策することも可能で、筆者たちが案内する自然解説ガイドに参加して森の歴史や生態系、動植物や人間との関係などの生物多様性について学ぶこともできる。この案内役のスタッフのことを「インタープリター（interpreter）」と呼んでいる。「インタープリテーション（interpretation）」とは、「（自然のある場所や史跡において）単なる情報の提供ではなく、直接体験や教材を通して事物や事象の背後にある意味や関係を明らかにすることを目的とした教育活動のこと」である。インタープリターは、目に見える自然のさまざまな事象を通して、その背景にある自然の意味や存在意義を伝えるのである。ここでは、幼児から大人までを対象に、特に義務教育や特別支援学校に在籍す

る生徒に対する環境教育プログラムを、積極的に実施している。

　体験学習法に則った環境教育プログラムとは、主体は参加者であり、インタープリターは支援者である。参加者一人ひとりが自然の中で出会った「気づき」や「発見」を大事にし、インタープリターはそのことに寄り添う。参加者自らが体験した感覚を大切にし、その次のステップへ誘う。参加者のレベルに合った自然科学の知識を提供するが、押しつけはしない。参加者が主体的にかかわっていく姿勢に「共感する」のがインタープリターの大きな役割である。さらに重要な視点を加えるとすれば「主体的に、当事者意識で、自分のこととしてとらえること」である。「主体的・対話的で深い学び」が新学習指導要領に記載されたことによって、学校教師にとって成果が見えにくい自然体験などを中心とした環境教育プログラムの意義への理解が深まり、活動の機会が活発になることを期待している。一方で懸念されることは、教育や生活のなかで「無関心、不可視化、ダブルスタンダードでいる」ことである。最近、憂慮していることは、現在の若い世代の多くが、公害の歴史について何も知らないということである。日本が体験した水俣病など、世界のなかでも稀有な「公害問題」の歴史や詳細が「不可視化」された状況にあるということだ。日本が経験した公害問題は、決して忘れてはいけない貴重な負の財産である。社会教育で活動するセクターは、過去の経験から学ぶ重要な事象として、公害の歴史を次の世代に後継していくことが必要不可欠であり、きわめて今日的な課題だと強く認識している。

体験活動で培われる「自尊感情」と「自己肯定感」
　さらに、自然体験を中心とした環境教育プログラムの効果は、自然への理解が深まることや自然を好きになることと同様に、自己受容や他者への理解が深まることにある。日本の子どもたちは他の国に比べて「自己肯定感」が低いといわれることがある。

　集団や野外での活動は、「自尊感情」や「自己肯定感」を育む効果があることがわかっている。「自尊感情」とはセルフ・エスティーム（self esteem）ともいわれ、自分に価値があると思うことで他者を肯定的にとらえることができ、人に心優しく接することができる気持ちである。「自己肯定感」とは「今

の自分を好き」と言えることである。幼いころから両親や周りの大人から誉められる体験で培われる。両者ともに、幼少期という成長過程から育まれることによって、安定した人間関係の基盤づくりになるという大変重要な意義をもっている。最近の子どもたちをとりまくさまざまな課題である不登校やいじめ、突然キレる、暴力をふるうなどの多くの問題行動は、このような「自尊感情」や「自己肯定感」が低い子どもたちに多いこともわかっている。

　自然学校での長期キャンプのように仲間と長時間にわたり自然の中で活動することによって、感性が育まれ、自分とは何かという自己概念が明確になっていく。多少いざこざを起こしてもコミュニケーションを続けることによって、いつの間にか関係が修復できる。自分を好きと言えることは、自分に自信があることの証明である。キャンプや自然体験プログラムが終わるとき、初日には想像できないほどに豊かな表情にあふれた子どもたちの顔は本当に晴れがましい。このような体験を継続することによって規範意識のある人間に成長していってほしい。多くの自然学校や「那須平成の森」で、幼少期の子どもたちに自然体験プログラムの機会を提供していることは、このような成果に寄与するためでもある。

　是非大人たちは、身近な自然でよいので、子どもたちに自然への触れ合いや関心をもつ機会をつくり、子どもたちを見守っていってほしいと思う。

環境教育活動の評価

　これまで30年以上にわたって私たちが行ってきた環境教育活動は、果たして本当に社会に貢献できているのか。環境教育の効果測定は時間を要するために難しいといわれているが、当事者としての自己評価はしなくてはならない時期にきていると思う。

　筆者は環境活動の評価の仕事でいろいろな団体の方に会うことが多い。環境分野の活動を行う団体の多くは、主観的な問題意識やボランティア精神の発露となっていることが多く、仲間内的な活動に終始しがちなために、活動の成果は「結果次第」（アウトプット）に終わる傾向が多々ある。しかも客観的に把握する習慣が希薄なために、例えば筆者が第三者としてプロジェクト評価を行ったとき、プロジェクトに対する評価であるにもかかわらず団体の実施者自身が評価されている、

第2章　緑の技法　拡がる活動　127

というように受け止められることがある。

第三者評価を行う際には、その活動が誰のためのもので、アウトカムが何かなのかを具体的に聞き出す努力をしている。下手をすると、自分自身のために活動している場合もあるからだ。環境活動を行う際に、「○○ができたか、できなかったか」（アウトプット）を目指すのは自明だが、「○○ができたこと」（アウトプット）によって、「どのような地域にしたいのか、どのような社会貢献になるのか」（アウトカム）が明確になっていないために、結果として、「○○を行った」というアウトプットのみに終始している活動がまだまだ多いのが現状である。

持続可能な開発目標（SDGs）

直近のグローバルな課題は、国連が2015年に採択した、2030年までに取り組む行動計画である「持続可能な開発目標（SDGs）」だ。人びとの暮らしをより持続可能とするために、具体的に17分野169項目をあげて、途上国への支援だけでなく先進国内にある課題にも同時に取り組もうというものである。したがって、日本国内の課題として、「東日本大震災からの復興」や「男性の育児参加の推進」「子どもの貧困問題に対する具体的な対策の推進」なども盛り込まれている。もちろん、環境問題への取り組みもさらに成果が求められてくる。同時にESD活動を継続し、SDGsへの成果につなげなければならないだろう。

学生でも市民でも誰でもが気軽に海外への植林活動や環境ボランティアへの参加ができる時代である。しかし、参加する一人ひとりに自分なりのアウトカムまでの具体的な参画意識がないと、単なる自己満足に終始してしまうだろう。またそのようなボランティアを受け入れた団体の成長にも影響を及ぼすだろう。このような基本的姿勢や態度を踏まえたうえで、私たちは、「持続可能な開発目標（SDGs）」に取り組まなくてはならない時代に生きている。2030年をリミットとするSDGsの目標達成は、決して容易ではない。

筆者は故郷である福島をとても複雑な気持ちで見つめている。東日本大震災の直後には、友人に「福島の問題は沖縄の問題と同じだ」ともらしたが、数年たっても、沖縄も福島も何も解決していないし進展もしていない。

将来の子どもたちに、彼らの欲求が満たされる世界を手渡

しするためには、沖縄や福島の問題を決して他人事にせずに自分のこととして把握し、なんらかのアクションを続けていくことができるかどうかが重要ではないだろうか。この問題を看過してしまえば、日本のSDGsの取り組みは進捗できないのではないか、とまで強く思う。

2030年、私たちはどのような社会をつくっているのだろう。

〈補注〉
※1 持続可能な開発のための教育（ESD）
持続可能な開発を実現するために発想し、行動できる人材を育成する教育。
2002年、持続可能な開発に関する世界首脳会議（ヨハネスブルク・サミット）で日本政府およびNGOが「持続可能な開発のための教育（ESD）」を提唱し、同年12月の国連総会で2005年から2014年までの10年間を「国連持続可能な開発のための10年（UNDESD、国連ESDの10年）」が採択される。ユネスコがESDの主導機関となり、各国でユネスコ提案の国際実施計画案に基づき取り組みが行われた。日本では環境省がESD促進事業の実施地域として国内10地域を採択し、文部科学省はユネスコ・スクールをESD推進拠点として活動を行った。
※2 持続可能な開発目標（SDGs）
「誰も置き去りにしない」を共通の理念に、地球環境や経済活動、人びとの暮らしなどを持続可能とするために、国連加盟国のすべての国が2030年までに取り組む行動計画。2001年に国連が掲げた貧困の削減などを目指した開発指針「ミレニアム開発目標（MDGs）」を継承・発展させたもの。貧困を終わらせる、健康的な生活、ジェンダー平等、気候変動対策など17目標169項目に及ぶ。日本では2016年5月に「SDGs推進本部」を発足し、子どもの貧困対策や持続可能な都市、復興支援、生物多様性の保全など八つの優先課題と具体的政策の実施計画を策定した。

〈参考文献〉
1) 日本環境教育フォーラム（1992）：日本型環境教育の提案．小学館，414
2) 日本環境教育フォーラム（2008）：日本型環境教育の知恵．小学館クリエイティブ，287
3) キャサリーン・レニエ，ロン・ジマーマン，マイケル・グロス（著），食野雅子，ホーニング睦美（翻訳），日本環境教育フォーラム（1994）：インタープリテーション入門．小学館，208
4) 西村仁志（2013）：ソーシャルイノベーションとしての自然学校．みくに出版，176
5) 日本ホリスティック教育協会，中川吉晴・金田卓也編（2003）：ホリスティック教育ガイドブック．せせらぎ出版，265

「緑」と「自然」

　都市計画法や都市公園法では都市における「緑」を対象としており、緑の配置や緑の質の向上を図ることを目的としている。しかし、一般の都市生活者にとっては、都市公園や緑地は一定程度存在していることが当たり前となっており、あらためて緑が意識されることはない。都市生活者にとって「緑」といわれて思い浮かべるものは、山岳地帯の森林や、はるかな存在としての「自然」であろう。これらのものは、自然公園法や生物多様性基本法などにより一部が保全されており、都市に住む多くの人びとにとっては非日常的な存在であり、一部の田舎の人が住んでいる場所というイメージだろう。

　こうした「緑感」は日本固有かアジア的なもののようだ。古くから都市化が進行した欧州では生活の場に公園などとして「緑」が存在するものの「自然」と「生活」は隔離しており「緑」と「自然」が共存しているということはあまりない。しかし、日本においては、都市と田舎（農山村）の間に郊外あるいは田園というエリアがあり、「緑」や「自然」が混在している。その結果、ここでは人びとの緑感も多様化、流動化しており、保健休養、学習教養、スポーツレクリエーション、自然との触れ合いなど、人それぞれに緑と自然の存在を楽しんでいる。

　またこのような場所に保全されている「自然」には、全国版・地方版のレッドデータブックに掲載されているような希少種や貴重種が存在することも少なくない。人と自然のかかわりのなかで維持される二次的な自然が存在し、人と自然の微妙なバランスのなかでしか持続できない生物がいるということである。そこで、これらを持続させるために「緑の技法」が役立つということになる。

　アマナ *Amana edulis* やカタクリ *Erythronium japonicum Decne* といった早春性の植物がある。これらを保全するには、土壌の豊かさと早春の日当たりが必要である。それが得られる場所は、落葉広葉樹林の林床や林縁である。しかしもしそこが人の手入れがしにくい場所であると、クズ *Pueraria lobata* などの蔓性のマント群落や、落葉広葉樹林の構成種である多様

な下草が繁茂し、もともとの環境が変化してしまう。アマナやカタクリの保全エリアは、環境が変わりやすい道路沿いの林縁や人が踏み込みやすい民家の近くを避けて設定しておくことを考えたい。カタクリの保全活動を長年行っている市民団体の中には、保全した個体をもとに繁殖し、自生地に戻すことを繰り返す技術を完成しているところもある。

似たようで異なる事例に、カンアオイ類やエビネ *Calanthe discolor* などのランの仲間の一部では、常緑広葉樹林あるいは、やや密度の高い落葉広葉樹林あるいはスギヒノキ植林などの暗い林床を好むものがある。樹林を健全に育成し林内には強い光が入らない程度の間伐や、落ち葉の掻き取り、下木だけを刈り取る手法などがこれらの種の保全に有効である。林床植物の生育空間と成育環境の確保も、重要な緑の技法のひとつである。草本の生理生態的な知見と、森林の育林技術の組み合せによる林床植生の多様化技術が緑の技法となる。

田園地域における緑の技法は、長い生活の歴史のなかで育まれてきた地域固有の動植物や生態系の保全や生物種の保護を実現するための手法であり、過去にすでに損なわれてしまった自然環境をよみがえらせるための自然再生の手法である。

森林などの自然地域では、南北に長い国土の特徴から、豊かな生物相を有し、変化に富み美しい景観となっている。しかし造山活動の影響があり温帯モンスーン気候下にあるため、自然災害が発生しやすい。国土の自然再生は、自然の秩序の回復あるいは修復のための緑の技法が求められる。

脱工業化社会の21世紀の都市では、高度な知的生産が繰り広げられる情報技術社会によって支えられた都市力によって世界と競い合う状況にあり、その競争から抜きん出た都市に資本と知恵が集まる様相が顕著になってきた。そこでは社会経済活動の特徴と進行方向を見極め、失われたように見える自然環境の地形や地質などの強い構造を踏まえた、都市自然の再生のための緑の技法が必要である。

こうした自然再生には、人工から自然までの生態系の連続的解析や、当該地域の地形と水の流れに着目した流域の水循環、物質循環を把握し、健全で恵み豊かな自然が将来にわたって、さまざまなレベルで維持され、自然と共生する社会の実現を図り、人間活動の持続的な展開を支える空間の実現に寄与する「緑の技法」が求められるのである。

第2章　緑の技法　拡がる活動　131

国境なき緑の仕事

　2000 年、当時の筆者は大学 2 年生で、進路を明確に考えられずにいた。明治大学で専攻した「緑地学」というものは、その緑（みどり）という字から環境によいイメージがあったものの、その曖昧性のある緑の学問が何を勉強するもので、将来どのような職業につながるのか、まったくわからなかった。このままではダメだということは明らかなものの、ほとんど何もできない状態であった。

　これを打開するために筆者は、米国への留学を決めた。緑地学というものは、英語ではランドスケープ・アーキテクチャー（landscape architecture）と呼ばれ、在学 3 年時の夏からコロラド州立大学（Colorado State University）で、ランドスケープ・アーキテクチャーの勉強を 1 年間した。そこでランドスケープ・アーキテクトという景観を設計する職業に初めて出会った。このランドスケープの仕事をしたいという夢を抱え、明治大学卒業後、筆者はルイジアナ州立大学（Louisiana State University）のランドスケープ・アーキテクチャー学科（School of Landscape Architecture）の大学院に二度目の留学をした。修士取得後は、在学時にインターンシップをした米国フロリダ州に本社があるランドスケープ・デザイン組織事務所のイー・ディー・エス・エー（EDSA）に就職した。2017 年現在、筆者はこの事務所でマスタープラン・ランドスケープデザイン・都市デザインの仕事を始めて 12 年になる。

　留学をしてから約 15 年間を振り返ると、ありがたいことに多くの国々で、学生のころには想像しなかったような仕事をする機会に恵まれたと考える。ランドスケープの仕事は、緑（みどり）という言葉が象徴するように、曖昧で広い意味があり、広大なものであった。Google Earth の衛星写真で都市を見下ろし、建築以外の部分を塗りつぶして見ると、いかに多いことだろうか。東京のように、世界有数の建築密度がある場所においても、その部分は多く存在している。

　ランドスケープ・アーキテクチャーは、造園における日本庭園の私的な空間を超えた、公共の景観空間を扱っている。

筆者がかかわったプロジェクトも、さまざまなスケールのものがあった。個人の庭園から、公園のような緑地、複合商業施設の外構、道路の緑地空間を伴ったストリートスケープ、ホテルやヴィラを伴ったリゾート、新しい都市をつくり出すマスタープラン。プロジェクトの敷地も多くの国々にわたった。米国、中国、アラブ首長国連邦（UAE）、チェコ、エジプト、メキシコ、インド、日本、パナマ、バハマなどのカリブ海の国々等。気候的にもスキーができるような寒冷地から、ココナッツとビーチがある熱帯の土地まで多種多様である（写真39）。

写真39　あるリゾート地の計画

ランドスケープの分野は、開発の際に現地の植栽を扱うので、気候が異なる場所での仕事に対応できるのか？　と筆者が働き始めたころは不安だったこともあった。いまこの課題に対しては、その地域の植物については勉強すればよいし、地元のランドスケープ事務所造園業者とコラボレーションすることにより解決できると考える。

建築家が海外の仕事をするように、ランドスケープ・アーキテクトも海外の仕事ができるのである。建築家にとって、海外のプロジェクトにおける工事の工法、職人の技術、現地で調達できる素材が違うように、ランドスケープ・アーキテクトにとっては、それにプラスしてその敷地の植物、気候条件、環境が異なるだけのことなのである。そう思えば、どのランドスケープ事務所も気軽に海外での仕事に取り組むことが可能なのではないかと考える。今回は、筆者がかかわってきた中国での仕事、アラブ首長国連邦での日本庭園の仕事を通して考えたことを紹介する。

2003 年、北京に EDSA の支部ができたこともあり、当時中国には多くの仕事があった。そこには、中国の広大な土地、巨大な人口、急速な経済成長を背景に、都市規模のランドスケープ・プロジェクトが多くあったからである。

　筆者と中国の関係は、大学院に入ったころに始まる。初めての大学院のフィールド・トリップで、ハーバードのデザイン大学院（Graduate School of Design：GSD）を卒業したてのキャシー先生（Cathy Marshall）が、筆者にこう尋ねた。

　「あなたは何故米国に勉強しに来たの？」

　筆者は、日本の建設業が不景気で仕事が少ないので、いまは米国で勉強するよい機会だと答えた。

　「あなたは、何故、中国で仕事をしないのか？　日本と中国は、あんなに近いのに。私の同級生は、中国の仕事をたくさんしているよ」

　そのとき、初めて中国という国に対して無知であった自分に気づいた。海外というと米国や欧州のような場所を筆者は考えていた。そして、海外のランドスケープ・プロジェクトをするなどということは、まったく考えていなかった。ただ、いつか行ってみたいと思う好奇心を掻き立てられたことは確かだった。

　初めて大学院の冬休みに、教授に紹介してもらった小さなランドスケープ設計事務所で働いた。そこで働く若手デザイナーのブライアン（Brian Goad）にこう勧められた。

　「EDSA という事務所がフロリダにあるよ。その事務所は、米国と中国の北京、両方でインターンシップできるんだ。僕はその 1 期生だよ」

　筆者は、中国でも働けるこのインターンシップ・プログラムに興味をもち、必要書類の願書とポートフォリオというデザイン作品集を送り、出願した。幸運なことに、多くの学生の中から、筆者はこの米国と中国のインターンシップ・プログラムに受かった。今あらためて振り返ると、当時の英語力でよく採用されたと思う。筆者にアドバイスをしてくれたマックス教授（Max Conrad）が長期間にわたり大学の卒業生に親密に連絡を取り、大学と多くの事務所の結びつきを維持しており、その人のつながりが有効に作用したのであろう。

　大学院の夏休みにフロリダで 2 か月、秋学期に 3 か月のインターンシップを北京で行った。2004 年の中国は、国内の急速な経済成長とともに、4 年後のオリンピックを控え、

多くの建設需要があった。学生であった筆者にも、外国人デザイナーとして構想設計・基本設計の仕事が与えられた。きちんとした給料も払われたうえ、そこでは多くのチャンスと実践の機会に恵まれていた。日本の設計事務所に比べて、若いデザイナーの意見に真摯に耳を傾け、より創造的なランドスケープを促進しようという自由な雰囲気に好感をもった。

　米国のフロリダ州で仕事を始めた当初は、米国内の仕事を中心としており、地球の反対側にある中国のプロジェクトにまたかかわることがあるとは想像していなかった。筆者が実務レベルで中国のプロジェクトに多くかかわったのは、2009年からのことであった。当時リーマン・ショック後に、常に経済成長を続けていたのが中国であった。実務をはじめてから5年経ったこともあり、ひととおりの設計作業ができるようになっていた筆者にとって、中国のプロジェクトは、その規模の大きさ、設計のスピード、ビジネス文化の違いなど、挑戦したいものであった。

　その中でも広東省恵州のプロジェクトでは、都市規模のマスタープランがいかに建設されるのかを見ることのできる、よい機会であった。クライアントは中国の大手ディベロッパーの万科企業で、広東の深圳から1時間ほどで行ける双月湾と呼ばれる景勝地に、別荘マンションとヴィラ、セールスセンター、商業地、ウォーターパークを含む約40haの複合総合リゾートを建設する計画の基本設計から実施設計までの監修を行った。このプロジェクトは、ランドスケープ・アーキテクトがプロジェクトチームのリーダーの役割を担っており、それは、緑地・公園のような規模ではなく、都市規模のデザインに有効であり、その可能性があることを意図していた。マングローブ林の再生というサステイナブルな要素から、人口運河をつくり、小船で人びとを移動し、ゴルフカート移動する観光的な要素をもつ交通まで、多くの要素を吹き込んだ。設計段階から約7年経ち、第4期まであるマスタープランのうち、第1期が竣工し、第2期の商業地区とスパ・ウォーターパークが竣工された。第2期は2014年ごろからの中国不動産業の低迷もあり、別荘マンションと住宅の売れ行きがよくないようである。開発は経済の影響を受けるとともに、都市規模のスケールを実際につくるには、いかに長い建設期間を要するかを実感した。

第2章　緑の技法　拡がる活動　135

そのほかにも、将来の街のヴィジョンをつくるような大き
なスケールの計画は多く行った。中国のプロジェクトの大変
さは、計画する以前の段階から工事が始まっていることや、
要望も一日一日変わることが多いことである。明日、工事し
たいから、詳細設計を今日中にしてほしいなど、早い設計ス
ピードが求められた。また、ランドスケープ・アーキテクト
の職としての存在は、日本よりも中国において定着している
と思われた。北京空港の書店で、ランドスケープ・アーキテ
クチャーの本が建築の本と並んで、ショーケースの一面に並
んでいたときは驚いた。当時、日本のランドスケープ設計事
務所も中国での仕事をすることがあったが、それでも米国の
事務所に比べれば非常に少ないように思われた。個人的な意
見であるが、日本の事務所は、海外のプロジェクトを上手く
扱えない、もしくは積極的ではないように思われた。それに
比べて米国の EDSA は一つのプロジェクトが上手くいかな
くても、そこで学んだことを次につなげていくような姿勢が
あった。さらには、事務所内にも海外デザイナーを多く抱え
るなど多様性に満ちていた。

　また、ここ 10 年間は多くの優秀な中国人デザイナーたち
が事務所で活躍しているように思われる。もちろん、その背
景には中国における多くの仕事の需要、クライアントとのコ
ミュニケーションの必要性もあるが、それ以外にも、事務所
へのインターンや新人デザイナーの就職願書における中国人
学生のポートフォリオの完成度は抜きん出ていた。例えば、
筆者が事務所のインターンのポートフォリオをレビューして
いたとき、約 200 人ほどの応募があり、そのトップ 10 ％の
ポートフォリオの 9 割近くが中国人学生だったこともあった。
一方、日本人学生の応募は一人もいなかった。これは、グロー
バルな人材を生み出すという日本の多くの大学があるものの、
実際には日本からの留学生は減少しているという現状がある
ことを残念に思った。

　2014 年、UAE のドバイに日本庭園を設計する機会があっ
た。クライアントはドバイ有数の資産家であった。EDSA は
個人の庭などの小規模な設計をすることは少ないのだが、事
務所会長（当時の筆者のボス）の友人ということもあり、設計
することになった。その資産家の最初のビジネスが、トヨタ
やレクサスのディーラーシップの経営だったこともあり、日
本庭園が好きなのだという。筆者らが設計したのは、マジュ

リス（Majlis）と呼ばれる迎賓館の庭だった（写真40）。イスラム教では、ラマダンという日中は絶食する期間が約1か月ある。日中は絶食するが、日が沈んだあとは、豪華なディナーを満喫するのだという。マジュリスは、王族の人たちや大切な友人の紳士たちを集め、その夜会を開く場所であった。UAEの古い王家の宮殿建築にもある歴史的な文化習慣の場所である。

　この日本庭園のプロジェクトには、いくつかの課題があった。クライアントは自宅の庭に、日本庭園をつくっていたのだが、それを日本庭園と呼ぶには少し遠いものであった。まず、最初の大きな課題は石組みであった。ドバイという砂漠地域では、まず岩石がない。さらには、その石を上手く配置できる造園技術もないのである。庭の池は、プールの周りに石を配置したものであって、日本庭園の池泉とは異なっていた。次の課題は植物であった。砂漠環境にあるドバイでは、日本庭園で使われるような植物は一切なかったのである。これは、その他の海外にある日本庭園とは、まったく異なる条件であった。多くの日本庭園のロケーションは、日本と似たような気候条件を備えていた。また、造園業者は日本の業者ではなく、現地の造園業者であり日本庭園はつくったことがなかった。

　まず石組みについては、石を使わない決断をした。本物の石ではなく、コンクリートによる擬岩を使うことにしたのである。EDSAでは、UAEで大規模なサファリパークのような既存の動物園を巨大拡張する仕事に携わっていた。そこでコラボレーションしていたイマジニアリング（Imagineering）

写真40　日本庭園の設計

と呼ばれるアーティスト施工会社に庭園の石組みを任せた。彼らは、ユニバーサルスタジオの岩石を担当するような技術をもっていた。植栽に関しては、日本庭園にあるような自然的な配置を基本とした。しかし、どうしても日本庭園のように見せるには、松やツゲのように刈込みをして管理された植栽が必要であった。これは、パンダ・ガジュマル（Ficus panda クワ科フィカス属）と呼ばれるタイから輸入したものが現地の圃場にあり、それで代用した。

EDSA の多くのランドスケープのプロジェクトは、インフラや建築工事のあとに造園工事があるため、予算調整のために植栽や資材を安いものに変更したりすることが一般的である。しかしこのプロジェクトは、反対の作業を途中で行った。現地で打ち合わせした際に、計画された建築とインテリアに大変高価なものを使用することにしたのである。現地のプロジェクトマネージャーも予算は十分にあるから心配しないでくれということであった。建築と庭の品質のバランスを取るために、一部変更を途中で行い、灯籠、石塔、蹲といった景石を、現地の盆栽協会が販売する海外製のものから、日本の業者が扱う正真正銘の日本製にしたのである。一部の灯籠は、実際に日本の庭園で使用していたアンティークものであった。この輸入の際は、日本の石材業者が英語を使えないため、我々が UAE の造園業者との注文、輸送、請求書までの調整を行った。東屋、橋といった工作物は、地元現地の業者に担当してもらった。日本の造園業者が入らないとのことだったので、それを十分に理解し現地の職人たちを信頼しコラボレーションする必要があった。海外で働く筆者にとってそのアプローチはとても自然であったし、日本人の職人が入らず、建築素材が限られていたにもかかわらず、よい仕上がりでできたと思う。

2005 年から筆者が仕事をしてきたなかで、日本庭園のプロジェクトは、このひとつだけである。ただし、海外で働く日本人ランドスケープ・アーキテクトの多くは日本庭園を主にしている。プロジェクトの際に、自分で日本庭園について一から学んだが、学生のころに、もう少しきちんと日本庭園について学べる機会があればよかったと思ったことも確かである。学生のころに日本庭園を多く見て回ったこと、またルイジアナ州立大学のフィールド・トリップの授業で京都の日本庭園を視察したことは大変役に立った。

これからのランドスケープ・アーキテクチャーの将来は、どうなるのだろうか？　ランドスケープにおいては、米国のセントラルパークが150年以上、日本の明治神宮の杜が約100年経過しても未だに素晴らしい空間を提供している。当時の計画者が、思い描いたように私たちもこれからの未来のビジョンを描いていく必要がある。さらに、ここ十数年の間における劇的な技術の進歩があった。インターネットが一般的に普及し、海外のクライアントとウェブミーティング等を通し、グローバルな仕事におけるコミュニケーションが簡単にできるようになった。現在もEDSAの仕事の7割近くが海外からの依頼で占められている。ランドスケープにおけるグローバル化と長期的なビジョンをもつ必要があると考える。

　さらに、国境を越えた規模でのサステイナブルな社会や環境をつくっていかなければならないだろう。世界は、地球温暖化、食糧問題、都市への過剰な人口集中、高齢化していく社会など、多くの課題を抱えている。自然科学、環境、文化、アートなどの要素を基礎としたランドスケープの職は、これらにおいて重要な仕事を担っていくことは間違いない。私たちの職業は一歩一歩サステイナブルな社会の実現に向けて進んでいかなくてはならない。サステイナブルな社会をつくるためには、国内だけで問題解決をしようとしても限界がある。先進国のひとつとして、私たちが貢献できることは非常に多くあると考える。

　一方、このような重要な面があるにもかかわらず、この分野における若い世代は限られた人数しかいない現状が、日本にはあると考える。そのため、大学の教育機関、公共、民間が協力して、ランドスケープ・アーキテクチャーを育てる環境をつくっていくことが望まれる。国境にとらわれることなく、若い世代が貢献でき、活躍する場は、これからは非常にたくさんあるだろう。

第3章

成長し続ける緑

樹木園と街路樹

樹木園の成立と発達

　アーボリータム arboretum（樹木園）という施設がある。樹木を集め展示した植物見本園で、独立して設置されるものから植物園の一画に設けられるものまである。アーボリータムという概念が文献に現れるのは、「作庭の事典」という雑誌を発行していた英国の造園家ラウドン（1783～1843）が、1838年にその雑誌に自ら著した記事あたりが最初だろうといわれている。ラウドンは、やや冷涼で日照時間が少なく天候不順である英国の気候に耐える樹木の種類について述べ、その育成栽培の国際的な歴史、さらに樹木の文化的、経済的、工業的価値などについても書いている。自生種の少ない英国で、もっと樹種の多様性を高めたいという思いがあったからではないだろうか。その後、ラウドンはこうした樹木の情報を実際に示す国立の樹木園の建設や、公園や庭園での樹木の系統的な収集の必要性を提言し、英国で植栽可能な樹種の試験的な栽培と育成が重要だと主張した。

　植物好きな国民性もあり、英国にはボタニカルガーデン botanical garden（植物園）と名付けられた庭園が各地にある。領主のマナーハウスの庭園では、フランス幾何学式庭園の影響を受けた草花が多用されている部分と、樹木の多い英国風形式庭園の部分とからなるものが多いが、特に植物のコレクションが見事なことから、特別に植物園と名付けられているのも納得する。もう少し学術的なものになるとボタニックガーデン botanic garden と呼ばれる植物園があり、これは大学の付属施設であることが多い。面積の広い植物園では園内に樹木園というゾーンがあり、樹木についてさまざまな研究をするための施設として運営されている。英国では、ラウドンが主張していたように、アーボリータムは単に樹木を収集展示する植物園というよりは、樹木の利用のための研究成果や情報を広く提供するという応用的な目的をもった施設へと発展していった。

　米国には、ジェームス・アーノルドが彼の遺産と他の所有者の土地と合わせて植物園をつくるようにと1872年にボス

写真1　アーノルド・アーボリータム案内板

写真2　アーノルド・アーボリータムの景観

トン市のハーバード大学に寄付したアーノルド・アーボリータムがある（写真1～4）。そして遺産から発生する利子分を、植物園の維持運営にも使うようにと遺した。収集するようにと託したものは、高木 arbor と低木 arboret、北米の郷土種から南方のエキゾチックな種までと幅広く、これらの樹木に関する基礎研究からその成果をもとにした樹木学の教育を展開することも望んだ。1882年にはこの土地は大学からボストン市に譲渡され、パークシステム（公園系統）として有名なボストンのエメラルドネックレス（写真5）の一部を担うことになる。大学と市の間で千年の資産賃貸契約が結ばれ、市は緑地としての園路、便益施設、休憩施設などの整備と園内の保安警備を行い、植物園としての整備と維持管理業務は大学が行うこととなった。114haの園内の主要なコレクションは、カエデ類、ブナ類、タキソディウム、セコイア類、マツ類、ツガ類、矮性針葉樹などに加え、盆栽のコレクションもあり、そのレベルの高さに定評がある。植物標本には温帯、熱帯アジアの樹種が充実しており、最近では、森林の持続可能な利用のための研究も行われ、生態学や樹木栽培に関する学生や一般向けの教育プログラムが準備されている。また園内をめぐる観察ツアーがあり、一般の人びとにも気軽に樹木の勉強ができるよう工夫されている。さらに、季刊誌が発行され、園芸、庭園に関する歴史、技術、文化などに関する専門的な情報がわかりやすく掲載されていることも高く評価されている。このようにアーノルド・アーボリータムは、専門家から一般市民まで、樹木を中心に植物の知識を得たいとする人びとに対し、開かれた施設となるよう運営されており、パークシステムを構成する他のレクリエーション公園とは異なる特色をもった教養施設として、その存在価値がボストン市民に定着している。実際に訪ねてみると、園内は美しく、植物はよく管理されており、園内のインフォーメーションセンター兼売店には、市内の一般向けの書店ではほとんど置いていない米国の樹木に関する図鑑やハンドブックなどが多数あり、専門家から植物愛好家までを満足させてくれる。ラウドンの夢が実現し、樹木園のお手本となっているのである。

フランスでは王侯の狩猟園が市民に開放され公園となったヴァンサンヌの森に、アルフォンによって1867年に創立されたパリ植物園という名の樹木園がある。公園の入り口からは一番遠いところにあるが、多くの庭師や園芸家を輩出した

写真3　アーノルド・アーボリータム事務所とインフォメーションセンター兼売店

写真4　アーノルド・アーボリータム園内

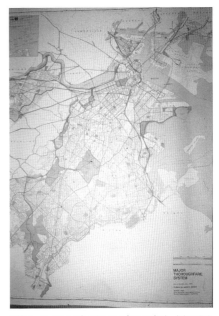

写真5　エメラルドネックレス　ボストン市パークシステム

第3章　成長し続ける緑　143

ことで有名な造園・園芸学校の正門から道を隔てた反対側に
あり、学校の教材や実習に使うには便利な位置にあるうらや
ましい施設だ。13haの面積は決して広いとはいえないが、
800種、1,200本もの樹木が適所に植えられている。ほとん
どが、学校の教師と卒業生によって研究、教材用として集め
られたもので、栽培品種系と原種系がきちんと分けられてい
る。モミ、トウヒ属の針葉樹とカエデ類、ブナ、ナラ類の大
木がエリアを分けて整然と植えられ標本として展示されてい
るのが見事で、ヨーロッパの公園樹や街路樹の自然の樹形や
樹容を知ることができる。個体すべてに樹名票が付けられて
おり、案内図を取り出さなくても幹に近づくと樹種名がわか
るので、樹木の学習には大変便利である。またこの学校と樹
木園は、パリの公園の樹木や街路樹の管理や樹木の更新作業
に対し、さまざまな提言や指導をするという活動もしている。
2007年パリ南西部のベルシー公園を中心に開催された都市
緑化フェアでは、パリ市の公園や街路樹の現状に関する展示
を、公園当局とこのパリ植物園と園芸学校が共同で行ってい
た。市内街路樹のすべてにICチップを埋め込み、その個体
ごとの剪定や病害虫処理の作業履歴を記録させる計画である
というポスター展示があった。街路樹管理に対する取り組み
の本気度が感じられる。

都市緑化植物園

　「都会人の生活環境に直接する緑化樹木や地被植物の種類
（種・品種）の収集・展示・育成・適性試験・品種改良・応用
研究・管理法試験・生産者指導・教材展示・技術者養成の場
などとして、造園技術家にとってはまさに不可欠な施設であ
るが、一方、住民にとっては緑の相談の場・造園・園芸的知
識吸収の場・レクリエーションの場などとして、まことに有
意義で快適な緑地であり、都市緑化対策上からも重要な施設
といえる」（以上、原文のまま）。日本におけるアーボリータ
ムの推進者として主要な役割を果たした本間啓博士（当時東
京大学農学部教授）が提言文に引用した、アーノルド・アー
ボリータムのドナルド・ワイマン博士の言葉である。当時の
建設省は、これを受けて1975年9月26日に、「緑の相談所・
都市緑化植物園の設置および運営について」という都市局長
通達を出し、その運営要領にもとづいて樹木園の整備を開始
することになった。

144

通達では、樹木園ではなく都市緑化植物園とし、さらに「緑の相談所」という名称が併記された。樹木園の利活用に重点を置いたため、おもに都市緑化に用いられる樹木を中心に集め、緑化場面での利用の姿を展示するという応用的あるいは実用面での目的を強く打ち出したものとなった。欧米のアーボリータムのように研究機能を主とするのではなく都市の緑についての普及啓発の機能を付加することにより、財政的な支援を得られやすくするため、都市住民にとって身近な植物に関する疑問にも答えるという相談機能を打ち出す必要もあったのではないかと思われる。

　この通達を受けた地方公共団体は、都市緑化植物園の整備に取り組み、1975年から1985年までの間に全国に37か所の「緑の相談所」がつくられ、今日まで106か所が整備され、現在もまだ増加傾向にある。

　本間博士の、樹木園は「あらゆる種類の有用な観賞用樹木や低木、つる性草本その他の植物の生育と効果的な展示のための隔離された場であり、収集展示する植物はその地域でよく成育するもので、これらが正しく分類され研究される場である」という定義にもとづき、緑の相談機能を打ち出しつつ、研究、教育型の樹木主体の独立した機能をもつ植物園が全国の都市部に整備されることとなったのである。

　このような経緯で成立した日本の都市緑化植物園は、国営公園に隣接するもの、国営公園内部に設けられた国レベルのもの、都道府県立公園の中に設置されたもの、また市町村が管理する公園緑地内の公園施設のひとつとして機能しているものなど多様な形態となっていった。全国からの利用者、来園者がある国レベルの施設は国の公園緑地景観政策にそった展示や活動が中心となり、公共団体が設置し運営する都市緑化植物園は、市民や地域住民を対象としたものなので、植物園としての施設内容や運営活動内容は、植物園が立地する自然環境や社会環境に対応するという地域性の強いものになっている。都道府県レベルの植物園は、そうした市民対応、地域対応のなかで当該都市の緑化植物に関するさまざまな資料をもとに調査研究を進める一方、その成果を発信するという社会貢献業務も行う。市民による都市緑化活動や地域に貢献する園芸活動をよりよいものとするため、その場所にふさわしい植物の選択、樹木が健全に成育する植栽方法、最適な病虫害防除法などに関する情報提供、植物や物品材料の選択や

紹介などが、都市緑化植物園の役割として期待されることになる。そうした意味で、博物館法による植物園という定義や内容にこだわらず「緑の相談所」としたことは、地域密着型の植物情報センターというべき役割を、市民に広げ定着させるうえでも有効であった。

武蔵丘陵森林公園の街路樹見本園

国営武蔵丘陵森林公園は、明治百年記念事業の一環として1974年に開園した。埼玉県比企郡滑川町と熊谷市楊井にまたがる304haの比企北丘陵に整備された全国で初めての国営公園である。公園は、尾根のアカマツ林と斜面のクヌギ・コナラの雑木林を中心に、谷の池沼、湿地など南関東の典型的な都市近郊林の様相を呈している。園内全体をサイクリングコースが周回し、芝生広場や林間の各種レクリエーション施設にアクセスできる。そして公園の北部に面積約45haの都市緑化植物園のエリアがあり、カエデ、公園庭園樹、生垣などの見本園が整備され、そのひとつとして街路樹見本園が整備された（写真6、図1、2）。

日本は大陸の大国に比して、島国で国土面積が広くないにもかかわらず、北半球の中緯度地域にあって亜寒帯、冷温帯、暖温帯、亜熱帯と変化に富む気候を呈し、大陸東部で海洋に面し降水量が多いため植生は豊かで樹種の多様性も高い。英国や独仏などは、冷温帯に属し貧栄養な石灰岩土壌と降水量の少なく、アルプスより北の欧州の国々は自生種が少ないうえに、植えられた街路樹は同じで、どの都市へ行ってもポケットに入る小さな樹木図鑑一冊で足りる。しかし近代化と都市化が併行して興った日本では、欧米を模範とする都市計画の

写真6　街路樹見本園

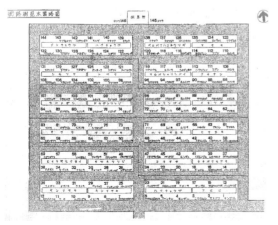

図1　街路樹見本園植栽図

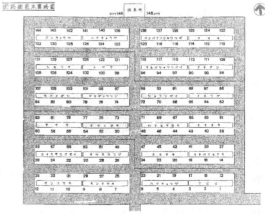

図2　街路樹見本園植栽図学名版

手法と緑化の考え方が導入され、欧米先進国で使われている都市樹木がもち込まれ国内樹種とともに街路樹として採用されてきた。そうした経緯から、日本は世界の中でも街路樹として用いられる樹種の多い国といってよい。街路樹は近代都市の象徴的存在であり、そうした日本の街路樹の実態と樹木としての特色を知ってもらうために、都市緑化植物園に街路樹見本園が整備された。

武蔵丘陵森林公園内の街路樹見本園が立地する丘頂緩斜面の表層には乾性褐色森林土が見られ、30cmほど掘ると、すぐに洪積世の関東火山灰層が出てくる。これは黄褐色の粘土質で、沖積世の泥岩と凝灰岩の風化物が母材となる土層と混在しながら下方につながる。この地層は、森林公園では中央園路の切土斜面に、ときおり露出しているところを見かけるくらいで、園内では植栽上良い土とはいえないのだが、この地層に直接植えなくてすんだのである。見本園は丘陵の頂部平坦面が選ばれ、軽い整地造成で整備されたため下層の地層は露出せず、植栽基盤としての状況は良好であった。見本樹木は、標準木として成長を追跡するのにふさわしい個体だといえ、通常の大きさの植穴に黒土と称する有機物に富む火山灰土を客土する方法で植えられた。

森林公園のある滑川町の気候は、年平均気温は15～16℃で、南関東の内陸部に位置することから、最高気温は35℃と高くなり、また最低気温は氷点下5℃になることがある。平均年降水量は約1,300mm、年間日照時間は2,000時間である。樹木の生育にとって、関東地方では標準的な状況下にある場所である。

街路樹

街路樹とは市街地の道路に沿って植えられる並木で、成長すると樹高が5m以上になる高木が用いられる。道路に沿って高木を列植するという並木の手法が世界共通になっていったのは、植えた樹木に高い機能と効用が認められたからである。整然とした街並みやシンボル性を形成する景観向上機能、大気浄化、騒音低減、ヒートアイランド現象緩和などの環境保全機能、強い太陽放射光の遮蔽、強風や降雪による通行への影響緩和機能、歩車分離、車照灯による眩惑防止などの交通安全機能、昆虫や鳥などの生息環境保全機能、火災延焼防止、地震時に建物や構造物の倒壊による影響を緩和するとい

う防災機能などである。こうした街路樹の機能は、並木の間隔が等間隔であり、幹がまっすぐで太く樹高が大きくなればなるほど効用は高まるが、街路の空間の大きさや沿道の土地利用や建物の種類によっては、街路樹の成長により樹体が大きくなると、車の出入りの障害になる、雨天や曇天時には道や周辺を暗くする、信号や標識の視認障害になる、舗装やガードレールをもち上げる、などの声が出て強い剪定を受けたり伐採を求められたりする。またとりわけ日本では高度経済成長時に積極的公共投資で植えられた街路樹が40年以上を経過し大木となっており、樹幹内の腐朽による倒木、成長代謝による大枝の落下などの危険性が一斉に高まっている。こうした弊害やリスクは適切な管理の継続によって防ぐことができるが、管理主体となる公共団体の財政の伸び悩みなどにより、管理作業が追いつかなくなり、社会資本の劣化に伴う危険性や問題が拡大している。街路樹についても長期的な視点に立った合理的な管理計画を立てる必要が増している。それには街路樹の成長を予測し、街路ごとに、樹種ごとにまた植栽された時期の違いを勘案して街路樹の管理計画を立てることが有効であり、早急に求められるのであるが、多くの樹種の成長予測や計画立案の方法論が確立しておらず、適切な街路樹管理がなされていないのが現状である。

　最も身近な緑として、市民アンケートで常に1位となる街路樹について、樹木の基本的な特性や街路樹が抱える現状を知ってもらうことが重要となり、街路樹見本園の役割も樹種特性の展示に加え、管理作業が必須であることの理解を深めることが重要になってきた。管理を発注する公共団体の担当者や、作業を実際に行う専門の技術者は、街路樹管理のコストパフォーマンスを見極め、明確な管理目標を設定し効率的、効果的な街路樹管理を実施しなければならない。そのための基本情報を知る場として、都市緑化植物園は新たな役割を担っている。

樹木の成長

　樹木学の分野の研究から、植栽された樹木の成長は、樹種差や個体差のほかに、立地条件、植栽間隔なども無視できない影響要因であることが明らかにされており、成長モデル式がいくつか提案されている。なかでも実用的に広く用いられているのは指数関数モデルと呼ばれるものであり、樹木の生

活型ごとにすなわち樹種による生育特性の違いを重視して、実測値を用いて成長係数を求め、樹齢から樹高を予測するモデル式が示されている。これを基本として、樹木成長を幹材の収穫量として評価する造林樹種では、より正確に成長を予測する必要から、土壌や気象条件の違いによる立地条件ごとに木材としての収穫量や指数が示され森林経営などに活用されてきた。しかし、街路樹のような緑化樹は、種類も多くまた都市という多様かつ不均一な人工環境下で生育するため、一般性のある成長予測式を得ることはそう容易ではなく、温暖化対策のひとつとしての二酸化炭素の吸収量算定のために研究用に開発されたものはあっても、樹木管理の実務現場で使えるものはこれまでなかった。したがって1か所にほぼ同じ大きさの街路樹用の樹種が87種類も同時に植栽され、見本園として自然成長のまま維持されている武蔵丘陵森林公園の街路樹見本園は、街路樹用樹木の長期にわたる成長データを得るのにまことに好ましい場所といえるのである。しかし都市緑化植物園とはいえ公共の施設であり、管理する業務担当者が異動によって替わってしまうこともあるので、長年にわたって把握しなければならない樹木の成長特性の解析作業を組織的に続けることは言うべくしてそう簡単なことではない。その点、大学は意欲に満ちた新人が毎年入ってくるので、ルーチンワークとして樹木の成長測定を連続して行うことができる。こうしたメリットを活かさないのはもったいないと思い、街路樹用樹木の成長の特徴をまず把握する作業を始めることにした。武蔵丘陵森林公園の管理事務所に研究調査のための専用許可申請を提出し、街路樹見本園のすべての標本木の成長測定を開始したのが1981年のことである。

測定方法

街路樹を含め都市緑化用の樹木については、植栽材料として用いる場合を想定して、樹種ごとに品質および規格寸法が示されている。公共工事として設計、施工する際に、他の建設材料と同様に寸法の標準がなければ設計と積算ができないからである。しかし生き物である樹木に規格をあてはめ、それを基準としてしまうことには問題もある。植物材料として生産する過程で、樹木の成長に変異や多様性が生じ、規格にあてはまらない個体が出てくるからである。また規格といって、樹種の特徴を表現しようと樹木のさまざまな部位の細部

にわたる数値を決めても、時間の経過による成長に伴いこれも変化し、形状品質を表す数値や評価項目として実務上意味のないものになってしまう。そうした問題や矛盾を大きくしないために、これまで庭木などの植木の世界では長い間、習慣的、経験的に用いられてきた寸法表示が、樹高、枝張り、幹周の三つである。公共緑化用の樹木でも共有できるとして、これらを採用している。

樹高は、測高機を樹体に直接あて、手元で目盛を読む。枝張りは、幹の中心に巻き尺のゼロ点をあて、東西南北に伸びている枝の水平投影距離の最大値を読む。幹周は、地上高120cmの幹に巻き尺を回し目盛を読む、という方法を採った。いずれも大勢で作業をしても、また人が替わっても間違いにくい方法である。その後レーザー光線を使ったデジタル測定機が安価になり試用してみたが、樹高が大きく密生した樹木群の中では使いにくいことがわかり、アナログな手法が確実であると判断した。

この測定は、新人の入室した毎年5月の研究室の恒例の行事となり、研究室を閉じるまでの30年間続けることができた。

測定結果

見本園の樹木は順調に成長し測定も問題なく毎年繰り返されていった。しかし10年を超えたあたりで、将来が懸念される事態に遭遇することになる。見本園には日本の代表的な樹種が集められていたのであるが、南関東の土壌や気候に適合しなかったためか生育不良や衰弱するものが目につき始めた。ナナカマド、シラカンバ、ギョリュウ、ポプラ類、ホオノキなどである。測定対象木から除外することも検討したが、これもデータのひとつと考え、完全に枯死し消滅するまでデータを取り続けた。さらに20年経過すると、順調に成長しているものにも問題が発生した。見本樹は東西方向に5m間隔で植えられていたが、隣接する個体の間で枝が競合するものが現れたのである。見本園の設計当初は枝が触れ合うようになるだろうということは想定内であっても、あまり深刻に考えていなかったようだ。競合したものが弱枝となり枯れて落下すれば来園した見学者に危険となる、さらに景観的にも見苦しくなり、見本園としての役割を果たすことができるのかという疑問が出され、苦渋の決断としてプラタナス類、

カエデ類、ナンキンハゼ、ヤナギ類の一部の個体を切り詰め剪定することになった。これら以外は枝透かし剪定で樹形を損なわないようにしながら自然樹形を維持することとした。東西方向の植樹間隔のほうが狭く余裕がなくなり、枝張り成長が抑制されたものは、上から見た樹冠投影図が円形から次第に南北に長い楕円形となっていった。

幹周

まず幹周をとりあげたのは、どんな生物でも成長は体重の増加としてとらえられ、樹木では重さに最も関連性が強いといわれる肥大成長を表すので、成長状態の指標と見たためである。テープで幹の周りを測るというシンプルな作業のため、測定誤差も少なく、測定者の違いによる個人差も生じにくい値であった。実際この幹周の経年変化をグラフにしてみたところ、多くの個体できれいなS字の成長曲線が得られた。1本1本のグラフをすべて載せたかったのだが、あまりにも紙幅を要してしまうので、本書では、特徴のとらえられたものを抜粋し、グラフをコンパクトにするために年数と幹周を両対数とし、さらに類似の傾きを示した数種をひとつの図の中にまとめて示してある（図3〜12）。その結果、経験的にそうだろうと思っていたものが見事にグラフに表された。肥大成長の速度が速く、30年間でより太くなったものは、モミジバスズカケノキ、アメリカスズカケノキ、ヤマザクラ、トチノキなどの落葉樹で、常緑樹ではタブノキ、コウヤマキであった。

樹高

伸長成長のひとつである樹高は、外見的によく目立つわかりやすい成長指標である。見本園の樹木は植えられた当初は1.2mで、結果的には30年後に20mに達したものもあった。測定誤差や測定する個人差も無視できなくなっていった。そこで都市緑化植物園の見本園の管理記録と、予備作業的に描いたグラフの形状とを比較し、明らかな不連続が生じている部分を除外し、成長曲線の推定式を計算しグラフを作成した（図13〜29）。

信頼性を高める処理をした結果、幹周と同様に経験知を裏付けるような傾向が得られた。樹高成長の速かった樹種は、ユリノキ、ヒマラヤスギで、肥大成長よりやや伸長成長が速いという伸び盛りの種は、トウカエデ、コブシ、アラカシ、アカガシ、タイザンボク、キササゲなどであった。

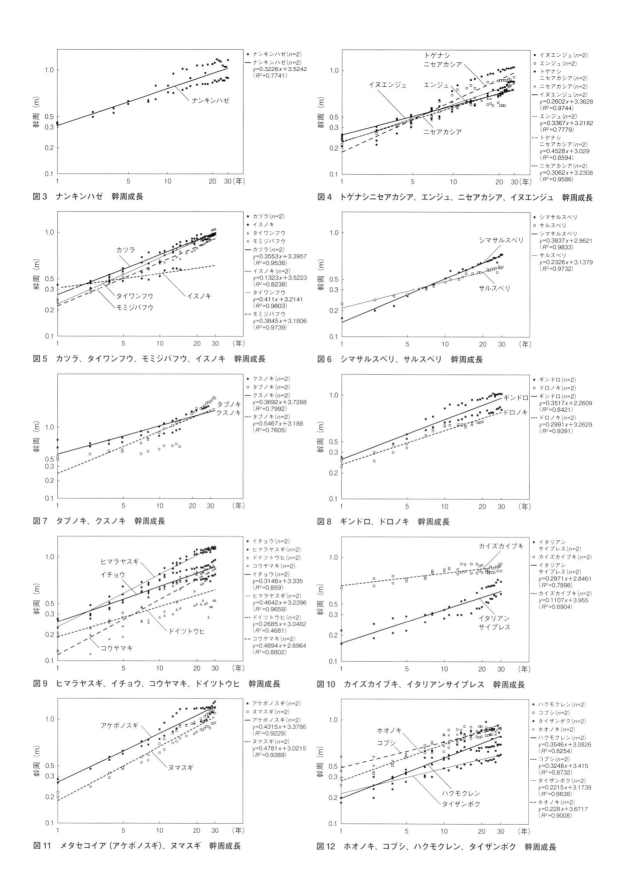

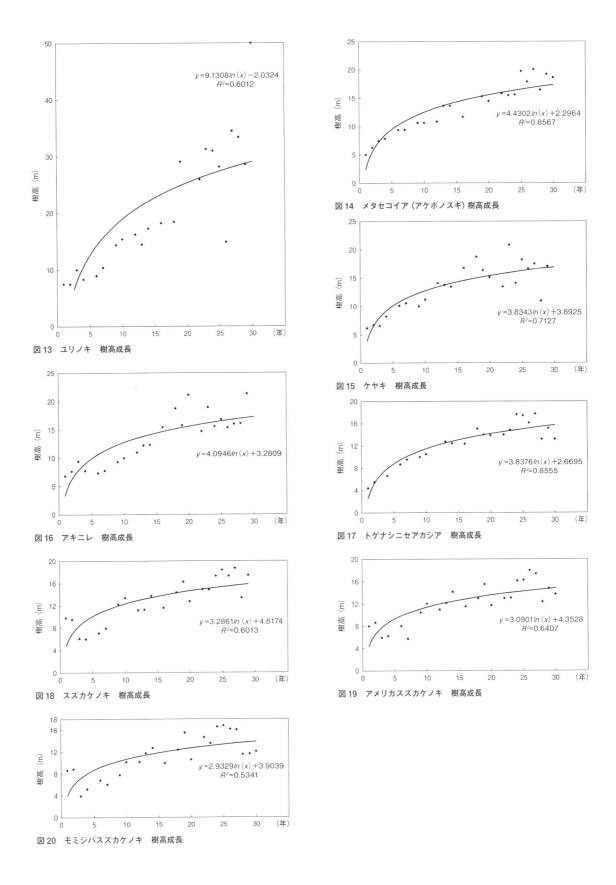

図13 ユリノキ 樹高成長
図14 メタセコイア（アケボノスギ）樹高成長
図15 ケヤキ 樹高成長
図16 アキニレ 樹高成長
図17 トゲナシニセアカシア 樹高成長
図18 スズカケノキ 樹高成長
図19 アメリカスズカケノキ 樹高成長
図20 モミジバスズカケノキ 樹高成長

第3章 成長し続ける緑 153

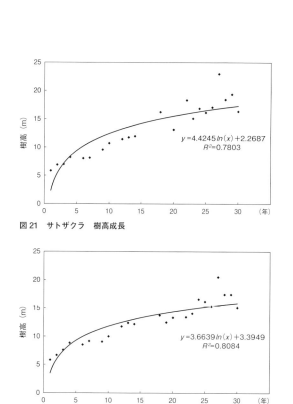

図21　サトザクラ　樹高成長

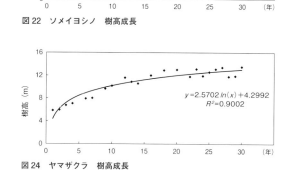

図22　ソメイヨシノ　樹高成長

図23　オオシマザクラ　樹高成長

図24　ヤマザクラ　樹高成長

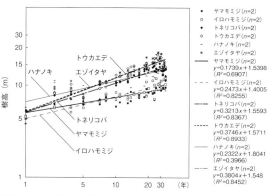

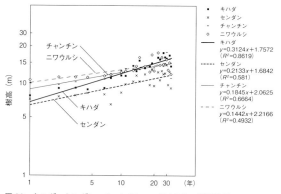

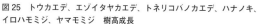

図25　トウカエデ、エゾイタヤカエデ、トネリコバノカエデ、ハナノキ、イロハモミジ、ヤマモミジ　樹高成長

図26　キハダ、センダン、チャンチン、ニワウルシ　樹高成長

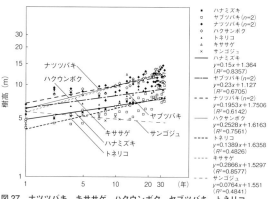

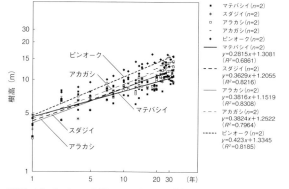

図27　ナツツバキ、キササゲ、ハクウンボク、ヤブツバキ、トネリコ、ハナミズキ、サンゴジュ　樹高成長

図28　ピンオーク、アカガシ、アラカシ、スダジイ、マテバシイ　樹高成長

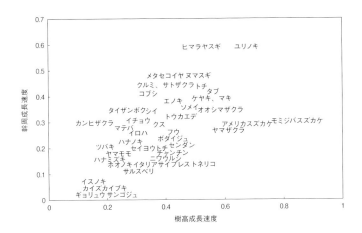

図29 幹周成長速度と樹高成長速度の関係
グラフの右上に位置するものほど太さより高さの成長が旺盛な樹種、例えばヒマラヤスギ、メタセコイア、ヌマスギなど。右下に位置するものは太さの成長のほうが高さの成長よりも旺盛な樹種、例えばモミジバスズカケノキ、アメリカスズカケノキ、ヤマザクラなど。グラフの左下に位置するものは、幹周と樹高のいずれも成長速度が遅い樹種、例えばイスノキ、カイズカイブキ、ギョリュウ、サンゴジュなど。

枝張り

　幹の中心から東西方向と南北方向の枝伸長の最大値を測るという方法を採ったのは、次の理由による。緑化の現場での枝張りの概念は、方向を限定せず樹冠を横から見たときの水平投影"図形"の最大値を枝張りとしている。設計上、どのようなシルエットの樹木がほしいかという希望に応えるための指標としてふさわしいからである。街路を緑豊かな風格ある景観とするためには、樹冠の広がりが大きいものが望ましく、緑陰形成の効果が高いことが街路樹にも望まれるので、この最大枝張りの指標には意義がある。枝張りは環境要因による影響が大きく、樹種がもっている遺伝的形質による発現は優勢にならないことが多い。したがって街路樹の樹種選定では道路幅員に適合する樹種を選択するのがよいとされてきた。現実には、これを間違え、歩道幅員にふさわしくない大きな枝張りをもつ樹種を選んでしまい、その結果、乱暴な強い剪定がされたり、逆に車道幅員と歩道幅員に対するバランスの悪い小さな枝張りの樹種が選ばれて街路景観を貧弱にしている例も少なくない。これまで枝張りへの関心は、他の項目に比べやや低かったようである。枝張りは、将来の街路景観を風格のあるものにし、夏の暑熱対策にとって有効な指標である。街路樹設計の重要な情報になるとして、幹から東西南北の4方向の最大伸長量を測定した。

　毎年のデータをすべて用いて連続したグラフに示すと線が煩雑になり枝張りの特徴が把握しにくくなる。図示した効果がなくなってしまうので、数年ごとのデータを同心円として表現することにした（図30）。縦長の楕円になっている、すなわち南北方向に細長くなっている樹種は、東西方向の隣接

する個体の影響を受けて成長が抑制されたものであり、こうした樹形が本来の自然樹形というわけではないことに注意していただきたい。樹木の成長原則からすると、主軸が優勢に成長する単軸分枝型の針葉樹に多いタイプは枝張りよりも樹高成長が旺盛で、広葉樹に多い主軸より側枝の成長が優勢な

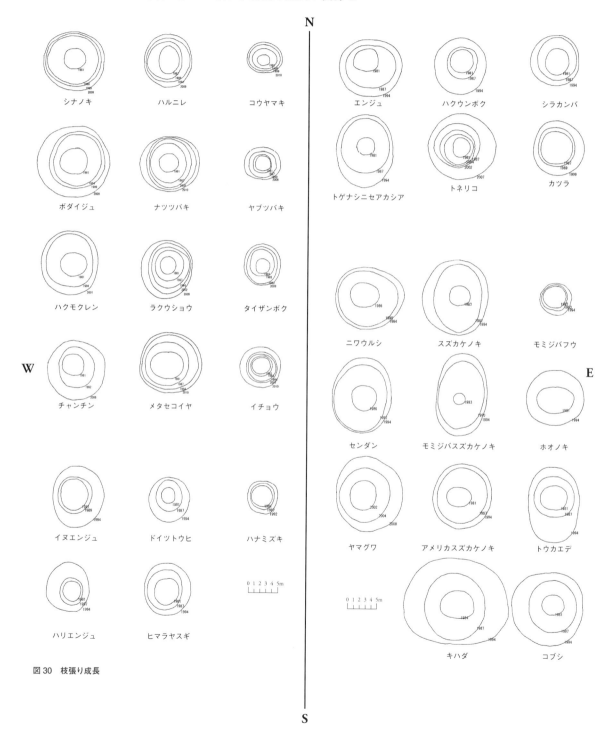

図30　枝張り成長

仮軸分枝型のタイプは樹高よりも枝張りが大きくなるといわれてきた。今回のデータでもそうした傾向がうかがえたので、まず枝張りの拡大傾向が類似のものを小さいものから大きいものへと並べて掲載した。世界初出の図である。樹木には枝張りの成長、枝の水平方向の伸長量にこれだけの違いがある

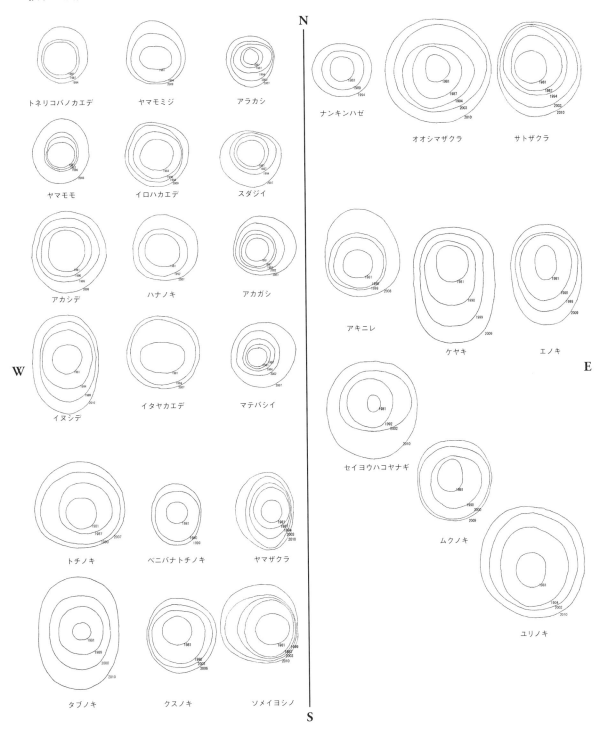

ということをまず見ていただきたい。

街路樹の樹種選定へのヒント

　成長が全体に遅く、枝張りの拡大が遅いアメリカハナミズキ、ナツツバキ、ハクウンボク、トネリコなどは、緑陰形成が早期に期待できないことから、早期に街路景観をつくりたい場合の街路樹としては不向きな樹種といえよう。イロハモミジのように枝張りは拡大するものの樹高成長が遅いものは、緑陰を提供してくれても風格ある街路景観を早期に期待することはできないだろう。最も多用されているイチョウは初期成長が遅いので、緑陰形成の効果を発揮できる枝張りを期待するまでに時間が必要である。しかし常に樹形のまとまりと樹高と枝張りのバランスがよく、これだけでも多用される理由がわかる。サクラの仲間ではオオシマザクラが安定した樹冠形成を期待できる。樹高成長や幹周肥大が旺盛だったユリノキは、枝張りの形成速度では予想外に中程度であった。緑陰をあまり期待しなくてもよい市街地の街路を風格あるものにするのに適しているといえよう。常緑広葉樹の中では、タブノキのほうがクスノキよりも枝張り成長が旺盛であった。スズカケノキの仲間では、モミジバスズカケが枝張り成長が旺盛で、早期に緑陰を提供できる特性をもっている。こうした優れた性質が注目され、世界中で街路樹として最も多用されるプラタナス類の母樹、親樹となったのだろう。これらのデータは街路樹の樹種選定にとって有用なものとなった。

　日本の各都市で街路樹の多くが老齢化、大型化のため、管理の合理化、樹木の安全性が求められ、更新が必要になっている場所が増えている。道路幅員、道路周辺の土地利用、交通量などからどのような樹種が好ましいかの客観的な判断材料として役立つことを期待している。

芝生と長期保存種子の発芽
日本の芝生文化

　米メジャーリーグに移籍した日本のプロ野球選手や、ヨーロッパのプロチームやクラブチームでの日本のサッカー選手の活躍が、毎日のようにテレビニュースで伝えられるようになった。外国で目覚ましい活躍を見せる日本選手の数が増えたことと、それが個人の記録ということにとどまらず、スポーツエンターテイメントとしても関心を高めているからだろう。そして知らず知らずのうちに、野球場やサッカー競技場は、プレーに専念する選手の姿と試合の高度なパフォーマンスを演出する美しく青々とした芝生でおおわれているものだという光景が、日本の子どもたちや青少年の記憶のなかに定着していった。日本のプロ野球は芝のグラウンドで行われる例も増えてきたが、現実に戻ると、キャッチボールをしたりボールも蹴りたいという日本の公園の運動広場は石ころだらけの土の見える雑草地であったり、せっかく芝生化された校庭や園庭の無残な姿にがっかりしたりする。欧米に留学した日本の若者たちは、大学の本館前の美しい芝生広場が卒業式などのパーティのときにだけ使われ、普段はロープを張らなくても誰も横切らないという伝統文化に感心し、家庭の芝刈りは父親と息子の役割という米国のホームドラマを見た父親世代は、一度は試みてみたものの我が家で芝生を維持することの大変さを知り、やはり欧米には追いつけないのかと複雑な思いを抱く。しかしその現実も徐々に変化しつつある。汗と涙で泥まみれになって暗くなるまで練習しなければ強くなれないと信じているコーチに育てられたチームは、芝生でおおわれた甲子園球場には行けてもそこでは勝てないだろうと指摘する解説者が出てきた。また「今日のピッチは（サッカーでは競技場の芝生グラウンドをピッチという）刈り高が短めだが雨上がりで水がまだ乾いていないので、それにふさわしいシューズでウォーミングアップのときから早めに芝の状態に慣れておこう」とワールドカップにも選ばれたあこがれの選手のつぶやきを少年たちがスマホで知る。世代間でさまざまな意識の違いや戸惑いが混在しているのが発展途上にある日本の芝生文化の特徴といえる。これらを解消し芝生への意識

のレベルアップを図るには、日常のいたるところにクオリティの高い芝生でおおわれたスポーツフィールドやプレイフィールドを広げ維持することである。そこで怪我を恐れず思いきりプレーできる芝生を提供したい。そのための緑の技法が求められている。

日本の芝草地

　地球上で植生の遷移が草原でとどまっている地域は、森林が形成されるほどの降水量がない所で、サヴァナやステップと呼ばれる半乾燥地、乾燥地である。雨が多く湿潤な気候の日本では、乾燥で成立する自然草地は地盤の保水性の小さい海岸の砂地か土壌の薄い岩場のような場所に限られている。あるいは強風、低温、逆に過湿などにより樹木が生育不可能な場所に局所的に成立する草原植生がある。このような自然草原に対して半自然草原と呼ばれるものがあり、放牧、採草（定期的な草刈り）、火入れ（野焼き）によって人為的に維持利用されている草地がある。利用の密度すなわち草の刈り取り頻度の違いなどにより、例えば萱場のような大型の草が生い茂る長草型草地と、多数の牛馬の放牧による踏みつけや採食により芝生タイプとなった短草型草地がある。これら以外には人工的な草地があり、造成地や空き地、埋立未利用地や路傍に成立する草地から、スポーツやレクリエーションのための芝草地、また観賞用に供される庭園に維持される芝生がある。日本に限らず東アジア沿岸国の芝草地は、国によって草種が異なるものの、おおむねこのような状況にあり、少雨あるいは乾燥気候のもとで成立する自然草地や放牧などに由来する半自然草地の混在する長い歴史をもつ欧米に比して、畜産などの産業利用に供されることも少なかったため、大面積の芝草地や芝生の造成および管理技術は発達してこなかった。そうした状況のなかで、わずかにレクリエーション用芝生、スポーツ用の芝生として成立し発展してきた日本の特徴的な芝生造成技術がある。

　古墳時代の墳墓の表面は、韓国の慶州の墳墓のように土の流亡を防ぐため芝でおおわれていたと思われ、日本の御陵の多くが今日ではうっそうとした樹林でおおわれているのは、もともとは芝生であったが人が立ち入らなかったため植生が遷移した結果の姿である。

　発掘された奈良時代の庭園遺跡（写真7）は、池あるいは流

写真7　平城京左京三条二坊宮跡庭園
750年ごろの造営。池の岸は玉石による州浜の外側のところどころに石組みが築かれており海岸の風景を模したものと考えられている。その後の平安時代の寝殿造りの庭園では、池に岬が突き出た造景が見られるが、岬先端の立石に続く部分は芝生となっている。自然風景を模したものといわれる日本庭園が、海岸風景をモティーフにしているとすれば、砂浜や海岸には芝が自生しているので、庭園の池の周囲が芝生でおおわれていたとするのは妥当だろう。草種はノシバである。

写真8　二条城二ノ丸庭園
1602年ごろの作庭とされ、桃山後期の書院造りの庭園の趣をもち、池泉の部分は小堀遠州の意図が反映されている。現在の芝庭風築山庭園の部分は明治時代の改修によるもの。江戸時代の各地の大名庭園や離宮の庭園は、ノシバあるいはコウシュンシバでおおわれた平庭や築山が設けられたものが多い。

写真10　無鄰菴
山縣有朋（1838-1922）の京都の別荘で、西欧事情にも詳しかった山縣が自ら設計し、明るく開放的な芝生空間をもつ庭園として七代目小川治兵衛が1894年に造営に着手した。日当たりのよい部分はノシバが維持されていたが、樹陰下に苔が侵食すると山縣はこれを面白くないとし、芝を栽植するよう指示した。一方で青苔の中に咲く草花も珍しがった。最近ではノシバの間から発生するマツバウンラン、ヒナギキョウ、ヒメスミレなどが共生するような管理が施されている。芝生が存在することで成立する草地植生を維持する試みは、生物多様性の保全という意味でも興味深い。

写真9　チャッツワースハウス（Chatsworth House）の庭園（英国）
英国のダービーシャーにあるカントリーハウス。16世紀に建てられ館の周辺はフランスの整形式庭園の影響を受けた部分が残っている。18世紀にケイパビリティ・ブラウン（1716-1783）により風景式庭園へと改造され、19世紀にはジョセフ・パクストン（1803-1865）により噴水、温室などがつくられた。遠景の草地はケンタッキーブルーグラスが優占する数種の牧草と草が混じった羊の放牧にも利用されるメドウターフで、庭園との敷地境界が目立たないように設計された典型的な英国風景式庭園。

写真11　旧国立競技場
1964年東京オリンピックの主会場であった。芝生フィールドの断面は標準設計と同様だったが、芝種は踏圧試験の結果から最も強いとされたヒメコウライシバが用いられた。それでもオリンピックの終わるころにはそうとう傷んだ様子が報道図などからうかがわれる。その後、シンダー排水層上の表層の黒土に砂やパーライトを混合する試みや、木更津産の砂を目土として用いるなど改良が進められ、1969年から、踏圧や擦り切れに強く、きめ細かく美しいバミューダグラスの改良種であるティフトン419に変更された。2002年からは一年中常緑のターフを目指し、ペレニアルライグラスによるウィンターオーバーシーディング（冬季の追播）が行われるようになった。旧国立競技場のターフのクオリティの高さと優れた芝生管理技術は多くのスタジアムの手本となった。

第3章　成長し続ける緑　161

れや州浜の周囲は芝でおおわれたオープンな空間構成であったことをうかがわせる。平安時代の寝殿造り庭園でも、池の周囲から水面に伸びた小さな岬は芝でおおわれていたようであるし、建物に囲われた空間は野筋と呼ばれる田園景観を思わせる小規模な修景でイネ科のススキや芝の絵が描かれている。この時代に著された世界最古のガーデニングの本といわれる『作庭記』には「芝をふせる」という記述があり、すでにこの時代から芝が庭園材料であったと解釈する説もある。その後の浄土式庭園やさらに江戸時代の大名庭園では池の周囲や築山の表面を芝生で養生する意匠が広く見られるので、日本庭園では芝草や芝生は庭園材料として定着していたといえよう（写真8〜10）。そこで使われていた芝草は日本産のノシバ（野芝 *Zoysia japonica*）やコウシュンシバ（高麗芝 *Zoysia matrella*）であろうから、これらは種子による栄養繁殖がしにくい種なので、自生している芝生をはぎ取って植える張芝か、茎をばらして植えこむ植芝、あるいは小さく分けた茎葉体を使った撒き芝によって芝生を造成したものと考えられる。

　明治時代になり欧化政策で欧米の技術が導入され、張芝だけでなく西洋芝の種子を用いた播種による芝生造成も行われるようになっていった。西洋庭園や大面積の公園、ゴルフ場などである。なかでも日本の芝生に関する技術の発展は、高密度な管理を必要とするゴルフ場で培われたものによって長い間支えられてきた。そうした流れのなかで画期的な出来事は、やはり2002年サッカーワールドカップ日韓共同開催であった。それ以前の1964年東京オリンピックの主会場となった旧国立競技場では、フィールド内の芝舗装をどのようなものにするかの検討委員会が設けられ、暗渠排水、赤土による床土、コウシュンシバの葉が小型の系統であるヒメコウライシバ *Zoysia tenuifolia* による張芝という設計であった（写真11）。しかし当時の記録映像を見ると、サッカーの競技などでは泥まみれになっている選手が映っており驚かされる。それが、2002年日韓共催のワールドカップでは、国際フットボール連盟FIFAからの指示による常緑の芝生ピッチという開催条件があり、日本芝を用いたソイルヒーティング（アンダーヒーティング）による常緑化技術、夏の高温多湿でも"ヘタ"らない西洋芝の3種混合などの技術開発が進み、バイオテクノロジーによる品種改良の成果もあって、耐病性、耐暑性のある草種の開発が進み美しい芝生のピッチが実現した

（写真12）。また伝統的な張芝や撒き芝も工法についても作業機械の開発が進み、芝の生産圃場で幅70cm以上、長さ1,320cmで厚みが3〜5cmのソッドを切り出し、1枚で10m^{2}もある大判のロール芝が現場に搬入できるようになった。これを用いると張芝後、短時間で利用に供することができること、補修作業でも短時間で張り替えられることなどのメリットがあり美しい芝生の維持に貢献した。サッカーワールドカップ開催を契機に学校の運動場の芝生化にも関心が集まるようになった。校庭緑化で用いられることが多くなったのは撒き芝で、芝の匍匐茎を溝切りした床土やターフ面に挿し込む機械が開発され、これを格子状に切ったグラウンドの溝に挿し込むことにより比較的短期間で利用に供することができるターフの造成手法も生まれた。また成長の早いティフトン芝 *Cynodon dactylon Tifway* をポットで栽培し、これを生徒や父母などが協力して自ら植え付けるという工法も提案された。学校校庭のように使い方や管理に利用者の配慮が必要な場面では、低コストによる自前の芝生造成が可能だとして広がりを見せている。ポット苗の部分とそうでない部分との間で凹凸が生じやすいこと、成長が早いとはいえ、匍匐茎のランナーが地表を這うだけなので踏圧には強くないという欠点をどう克服するかがこれからの課題であるが、養生期間の確保や利用のローテーションを工夫するなどの試みがこの工法の普及を支えている。

粗放型の芝生の造成と管理

利用目的や造成場所の多様化、補助資材の開発、造成機械の進歩により、芝生の造成方法も選択の幅が広がってきた。今日最も関心の高い保育所や幼稚園のような利用頻度の高い園庭について、東京都の調査によると、子ども一人あたりの園庭面積が6m^{2}以下になると芝生を維持することが難しいが、ティフトンやペレニアルライグラス *Lolium perenne* を用いると、高頻度の維持管理を実施すれば芝の被覆率を90％以上維持することも可能だという。しかし公園も同様であるが、校庭は管理のための人手も少なく集約型の管理が難しいので、これまでとは異なる視点が必要である。

園庭や校庭、駐車場などの芝生（写真13、14）では、手入れを怠ると激しい踏圧、捻曲、摩擦、蹴削などによって損傷し短時間で裸地化してしまう。このような校庭などの宿命的

写真12　埼玉スタジアム2002
2002年サッカーワールドカップの会場として建設された球技専用競技場である。ケンタッキーブルーグラス、トールフェスク、ペレニアルライグラスの3系統の冬芝8種を、地温コントロールパイプの上に粒径4mmの鬼怒川産の砂を厚さ25cmとした砂床に播種して造成されたターフである。冬芝（西洋芝）が嫌う夏の高温に対し15〜20℃の冷水を流し、冬には成育促進と追播の発芽促進のために13〜17℃の温水を流すような管理が行われている。これらは設計時に表面から15cm下に設置されたセンサーでコントロールさせるシステムとなっている。観客への降水を防ぐための屋根のかぶりのため、日照が不足し、ピッチ面での風通しの悪さを克服した優れた芝生管理技術が注目された例である。

なダメージを避けるためには予防保全型の管理が必要であり、裸地化に向かわないようにするための先を見通した芝生の品質対策が求められる。それには芝草の生育期に集中的に補修作業を施すことが肝要であり、その補修方法には、裸地化の進行が見られたり裸地化してしまったりする部分に対してリペアツールによるソッドの補植やポット苗の植え付けを施し、裸地化の兆候が表れた部分へは苗挿し込み、播種などを施すことが行われている。養生期間が取れず裸地化してしまった部分を応急に修復する必要がある園庭などでは、その部分の使用を一時的に控え播種によって芝を再生させる。このときに用いる芝草は、発芽率、発芽勢の高いものが好ましいので、使用する芝草種子の性能をあらかじめ知っておく必要がある。しかし商品としては発芽に関する性能が大まかにしか示されていないので、使用者が試行錯誤を繰り返し、地域や場所にふさわしい草種を選択するしかないのが現状である。またよい種子が見つかった場合、同じものが常にあるいは何時までも入手できるとは限らないので、種子をよい状態で保管しておくことも重要になる。

外気にさらされたイネ科種子の寿命は3年という報告もあるが、低温、低湿度で保存すると寿命は延びるといわれている。しかし多くの場合は倉庫の片隅に置いておくというのが現実だろう。ではどの草種の発芽性能がよく、また粗放的な保管でも性能が下がらないのであろうか。そうしたデータが意外にも少ないので、その試験結果を報告する。

発芽試験
供試植物

芝草として利用されているイネ科植物は、暖地型、寒地型を合わせて世界で40種以上、わが国では、主要なもので20種前後である[1]。本試験では、以下に示す13種のイネ科の芝草種子を供試植物に選定した。

- バッファローグラス *Buchloe dactyloides*
- バヒアグラス *Paspalum notatum*
- ケンタッキーブルーグラス *Poa pratensis*
- チモシー *Phleum pratense*
- コロニアルベントグラス *Agrostis capillaris*
- ケンタッキー31フェスク *Lolium arundinaceum*
  （トールフェスク）

写真13　出雲市立大社小学校

校庭の面積に余裕があれば、芝生養生のため校庭の一部の使用を制限し、芝生造成と成育促進を図ることができる。そのキャリングキャパシティは、7〜8m²/生徒人数だといわれている。しかし理想的にはその倍の15m²はほしい。また芝生化への教員や保護者の理解が不可欠である。この事例では6月ごろから校庭の半分に使用制限をかけ、耕耘機でパーライトや腐葉土を混合してティフトンのポット苗を約50cm間隔で植え付け、水不足とならないよう移動式のスプリンクラーやジェットガンでむらなく灌水することにより夏休み後には緑の校庭となる。冬も緑にしたい場合は、ペレニアルライグラスあるいはアニュアルライグラスを追播する。

写真14　グリーンパーキング

アスファルトでおおわれた駐車場は、雨水が浸透しない、夏の照り返しが暑いなどを防ぐため、緑化駐車場へ改良する試みが世界中で盛んである。芝生保護材を併用した工夫もある。フランスのジヴェルニ村のモネの家の駐車場は、観光客の利用が多いにもかかわらず、リンゴの緑陰とブルーグラスの地被が美しく、モネの庭を訪問する期待を膨らませ、得られた感動を損なうことのない帰路のシチュエーションとしても優れている。芝草種子の追播き技術の高さをうかがわせる。

- ペンクロスベント *Agrostis stolonifera*
  （クリーピングベントグラス）
- オーチャードグラス *Dactylis glomerata*
- ウィーピングラブグラス *Eragrostis curvula*
- レッドフェスク *Festuca rubra*
- クリーピングレッドフェスク *Festuca rubra L. ssp. arenaria*
- イタリアンライグラス *Lolium perenne L. ssp. multiflorum*
- ペレニアルライグラス *Lolium perenne L. ssp. perenne*

試験方法

シャーレの水道水で湿らせたろ紙上に13種の芝草種子を100粒ずつ置床した。1芝種について、シャーレは1枚とし、種子は10×10の格子状に並べた。これらのシャーレは常温で室内の机上に置いて、その後の芝草種子の発芽を毎日観察した。発芽の判定は、種皮を破り、芽や根の一部が現れたものとし、同一種内で発芽が確認されなくなった時点で観察を終了した。灌水は、シャーレ内のろ紙が乾燥したときのみ、モールド洗浄瓶から水道水を与えた。これらの試験は、明治大学の生田キャンパスにある、農学部第1校舎4号館の研究棟1階の実習室で、毎年、春に繰り返し行った。

試験結果

試験は、1982年から2012年の30年間継続した。以後の報告内容は、実験データの正確な記録が確認できなかった1984年、1986年、1995年、1998年、1999年、2000年、2006年を除外して集計・分析した結果である。

発芽勢（発芽ぞろいの歩合、早さ）

裸地化した部分へ追播きして補修する場合では、約1週間で裸地部分が新葉で目立たなくなることを期待するとすれば、置床後7日目の累積発芽数が重要となる。そこで、(1) 長期保存により累積発芽数が増加する芝草種、(2) 長期保存しても累積発芽数が変化しない芝草種、(3) 長期保存により累積発芽数が減少する芝草種の三つのパターンが存在する（図31～42、表1）。

(1) 長期保存により累積発芽数が増加する芝草種
- ケンタッキーブルーグラス

(2) 長期保存しても累積発芽数が変化しない芝草種
- バッファローグラス
- バヒアグラス

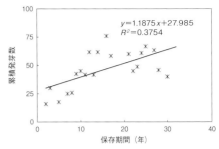

図31　ケンタッキーブルーグラスの累積発芽数

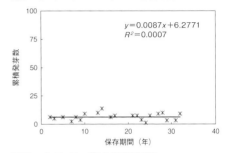

図32　バッファローグラスの累積発芽数

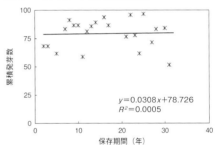

図33　コロニアルベントグラスの累積発芽数

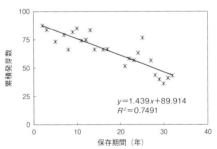

図34　チモシーの累積発芽数

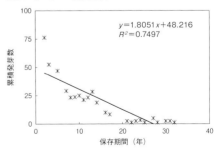

図35　ケンタッキー31フェスクの累積発芽数

・コロニアルベントグラス
(3) 長期保存により累積発芽数が減少する芝草種
・チモシー
・ケンタッキー31フェスク
・ペンクロスベント
・オーチャードグラス
・ウィーピングラブグラス
・レッドフェスク
・クリーピングレッドフェスク
・イタリアンライグラス
・ペレニアルライグラス

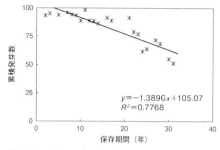

図39 レッドフェスクの累積発芽数

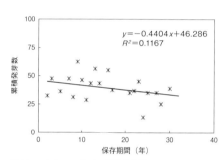

図36 ペンクロスベントの累積発芽数

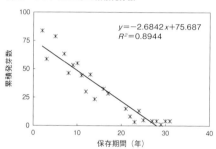

図40 クリーピングレッドフェスクの累積発芽数

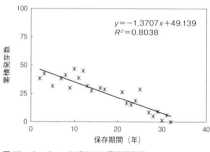

図37 オーチャードグラスの累積発芽数

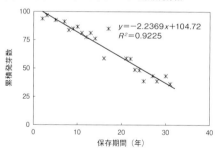

図41 イタリアンライグラスの累積発芽数

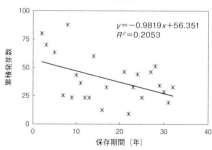

図38 ウィーピングラブグラスの累積発芽数

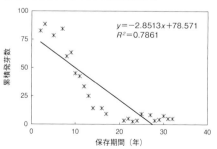

図42 ペレニアルライグラスの累積発芽数

表1 長期保存した芝草種子の累積発芽数の中央値とその推移

推移	芝草種（寒地型／暖地型）	中央値	近似式
増加	ケンタッキーブルーグラス（寒地型）	44.0	$y=1.1875x+27.985$
変化なし	バヒアグラス（暖地型）	10.5	$y=0.0087x+6.2771$
	コロニアルベントグラス（寒地型）	82.0	$y=0.2049x+9.1846$
	バッファローグラス（暖地型）	7.0	$y=0.0308x+78.726$
減少	ペンクロスベント（寒地型）	36.5	$y=-1.439x+89.914$
	ウィーピングラブグラス（暖地型）	33.0	$y=-1.8051x+48.216$
	オーチャードグラス（寒地型）	29.0	$y=-0.4404x+46.286$
	レッドフェスク（寒地型）	88.5	$y=-1.3707x+49.139$
	チモシー（寒地型）	66.0	$y=-0.9819x+56.351$
	ケンタッキー31フェスク（寒地型）	14.5	$y=-1.3896x+105.07$
	イタリアンライグラス（寒地型）	67.5	$y=-2.6842x+75.687$
	ペレニアルライグラス（寒地型）	11.5	$y=-2.2369x+104.72$
	クリーピングレッドフェスク（寒地型）	29.0	$y=-2.8513x+78.571$

発芽率（播種数に占める発芽数の割合）

同一種内で発芽が確認されなくなった時点の累積発芽数を播種数で除した値を最終発芽率とし、(1) 長期保存により最終累積発芽率が増加する芝草種、(2) 長期保存しても最終累積発芽率が変化しない芝草種、(3) 長期保存により最終累積発芽率が減少する芝草種の三つの視点でまとめた（図43〜55、表2）。

(1) 長期保存により最終累積発芽率が増加する芝草種
・バヒアグラス
・ケンタッキーブルーグラス

(2) 長期保存しても最終累積発芽率が変化しない芝草種
・バッファローグラス
・ペンクロスベント
・チモシー
・コロニアルベントグラス

(3) 長期保存により最終累積発芽率が減少する芝草種
・ケンタッキー31フェスク
・オーチャードグラス
・ペレニアルライグラス
・クリーピングレッドフェスク
・ウィーピングラブグラス
・イタリアンライグラス
・レッドフェスク

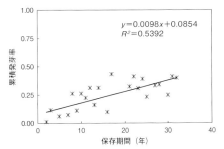

図43 バヒアグラスの最終累積発芽率

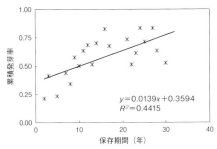

図44 ケンタッキーブルーグラスの最終累積発芽率

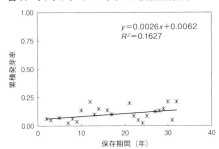

図45 バッファローグラスの最終累積発芽率

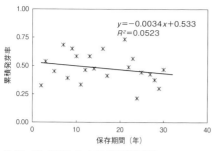
図46　ペンクロスベントの最終累積発芽率

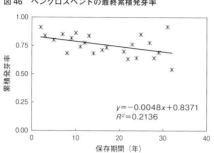
図47　チモシーの最終累積発芽率

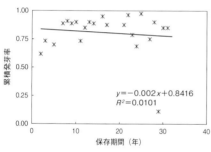
図48　コロニアルベントグラスの最終累積発芽率

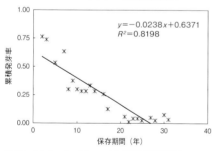
図49　ケンタッキー31フェスクの最終累積発芽率

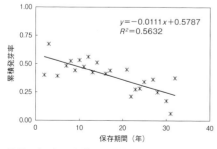
図50　オーチャードグラスの最終累積発芽率

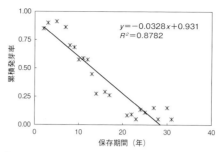
図51　ペレニアルライグラスの最終累積発芽率

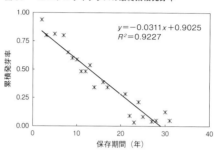
図52　クリーピングレッドフェスクの最終累積発芽率

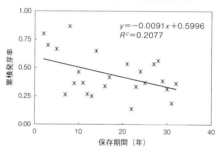
図53　ウィーピングラブグラスの最終累積発芽率

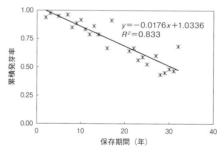
図54　イタリアンライグラスの最終累積発芽率

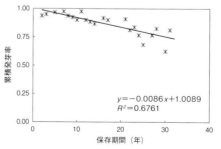
図55　レッドフェスクの最終累積発芽率

表2　長期保存した芝草種子の最終累積発芽率の中央値とその推移

推移	芝草種（寒地型／暖地型）	中央値	近似式
増加	ケンタッキーブルーグラス（寒地型）	52.5	$y=0.0139x+0.3594$
	バヒアグラス（暖地型）	27.3	$y=0.0098x+0.0854$
変化なし	バッファローグラス（暖地型）	12.1	$y=0.0026x+0.062$
	コロニアルベントグラス（寒地型）	77.5	$y=-0.002x+0.8416$
	ペンクロスベント（寒地型）	43.9	$y=-0.0034x+0.533$
	チモシー（寒地型）	74.0	$y=-0.0048x+0.8371$
減少	レッドフェスク（寒地型）	80.6	$y=-0.0086x+1.0089$
	ウィーピングラブグラス（暖地型）	44.1	$y=-0.0091x+0.5996$
	オーチャードグラス（寒地型）	40.5	$y=-0.0111x+0.5787$
	イタリアンライグラス（寒地型）	72.6	$y=-0.0176x+1.0336$
	ケンタッキー31フェスク（寒地型）	30.6	$y=-0.0238x+0.6371$
	ペレニアルライグラス（寒地型）	43.7	$y=-0.0328x+0.931$
	クリーピングレッドフェスク（寒地型）	44.1	$y=-0.0311x+0.9025$

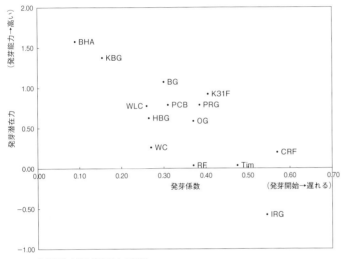

図56　発芽開始時期と発芽能力の関係

試験概要

　湿りすぎとならない冷暗所で保存した場合（封筒に入れて冷蔵庫あるいは、デシケータ内に置いておくといった、粗放的な扱いで）種子の性能が劣化しないかという問いかけに対し、横軸に時間（保存年数）、縦軸に発芽開始日としたグラフ上に得られたデータを置き、回帰直線を求め傾きと縦軸への切片の値を算出した。この二つを座標軸とし、それぞれの値から芝草種をプロットしたところ、実験に用いた芝草種子の長期保存後の発芽特性を大別することができた（図56）。すなわち、発芽潜在力が高く、長期保存によっても著しく発芽開始日が遅れることのない種、発芽潜在力が低く、長期保存によって

発芽開始日が遅れ、種子の性能が次第に劣化していく種に分かれた。前者の代表的な芝草種は、ケンタッキーブルーグラスやケンタッキー31フェスクであり、後者ではイタリアンライグラス、クリーピングレッドフェスクなどであった。

芝生の造成や維持管理へのヒント

校庭芝生や公園の多目的広場のように、現状の人的・経済的な管理水準を前提にすると粗放的な管理にならざるを得ないが、その状況下で常緑の裸地化していない芝生を求めようとすると、傷んだところへの芝草種子の追播きがよい。1週間程度の養生期間（使用制限をかけて芝生の発芽を促す措置）をとって応急的に対応するには、播種後の発芽数が他種よりも多い、ケンタッキーブルーグラスないしコロニアルベントの中から踏圧などの環境抵抗性の大きい品種を専門家に選んでもらい、使用するのがよさそうだ。これらは20〜30年経過しても、発芽数が低下しないので、余分に購入しておき、湿りすぎとならない暗所で保管しておくことで発芽性能は維持できる種とみてよい。

土中や表面の排水に対して配慮された設計となっている運動競技場や野球場で、夏に高温多湿とならないような風通しのよい条件下にあれば、踏圧や擦り切れに強いとして改良された品種であれば、ケンタッキーブルーグラスの単用でも、冬季の芝生利用頻度が高くなければ常緑の芝生が期待できるだろう。

3種混合で芝生を造成する手法も定着しつつある。この場合はケンタッキーブルーグラス、トールフェスク、ペレニアルライグラスの混合が多い。混合割合は種子を販売するメーカーの推奨値を採用するのが安全である。しかし刈込や施肥等の管理の水準を推奨値のように高くできない場合は、次第にトールフェスク（ケンタッキー31フェスク）のような生育の旺盛な種が優占し、美しい芝生ではなくなってしまうこともある。混合された種子を長期保管すると、トールフェスク（ケンタッキー31フェスク）、ペレニアルライグラスの仲間の品種の発芽率が次第に低下することが予想されるので、この種の混合種子は、長くても10年以内に使い切るという量を保持するという考え方が安全であるようだ。

発芽数が多く累積発芽率も高いので、太平洋側では初秋に追播するウィンターオーバーシーディングや補修のためによ

く使われるペレニアルライグラスは、初期成長もよく、追播
の効果も高いといわれている。しかし種子のラフな保管では
これらの性能が急速に低下することが試験の結果示唆された
ので、播種の効果が期待できなくなる。ペレニアルライグラ
スは、その効果を期待するには常に新鮮な種子を使うことを
考えたほうがよさそうである。

　以上のように芝草種の発芽の状況は、草種によって異なる
ので、使い方は種子の性能をよく見極めて判断するのがよい
だろう。専門家や専門店の意見を参考にしたい。

〈参考文献〉
1) 浅野義一・青木孝一編 (1998)：芝草と品種. ソフトサイエンス社

おわりに

　シンポジウムの開催から本書の出版まで時間がかかってしまったのは、この際だからと欲張って研究室の長年の成果も世に出しておこうとしたため、データの整理に時間がかかってしまったからである。樹木の成長と芝草の発芽の部分である。この作業を進めるうちに樹木の計測と種子の発芽数の計測だけでありながら、研究室の構成員による 30 年にわたる仕事というものは大変なものだということをあらためて実感した。データを見ながら一人ひとりの顔と声がよみがえってきただけでなく、時代の様相も数字の間からにじみ出てくるような感じがしてきたのである。データが生きているとはこういうことかとあらためて積み重ねの大切さを思った。

　欲張った私の思いを、イメージしていた以上に上手にまとめてくださった菊池佐智子さんの努力がなければ、研究室の長年の作業の成果をまとめることができなかったといっても過言ではない。

　高さの伸びの早い樹種は何か、幹が太るのが旺盛な樹種は何か、枝の張りが著しい樹種は何かといった、樹種の特性はこれまでの経験知を数量的に再確認するものとなった。緑の設計に参考になれば幸いである。東京 2020 オリンピック・パラリンピックを契機に再び芝生への関心が高まることが予想できる。どの種をまくとより上質な芝生となるかという素朴な疑問に答えることができるデータとなった。これも役に立つと確信している。快く紙上参加で寄稿してくれた卒業生の成果を見て、皆の日頃の精進が伝わり感動した。これからもがんばってほしい。

　これらの成果を出版物として世に出すことにご理解とご支援をいただいた彰国社の神中智子氏、編集担当の寺内朋子氏に深く感謝申し上げる。

　新しい時代と社会を支える、具体的な方法論を探求する仕事をする人が少なくなっているという。残念なことである。緑の分野を学び、それを社会で実践している人々に本書を贈り、次の発展に役立つことを確信している。

2019 年 5 月
輿水　肇

執筆者紹介

輿水 肇
[1979～2014年、明治大学農学部緑地工学研究室を主宰]

東京大学農学部卒業後、同大学院に進学。人工地盤における緑地植物の植栽に関する研究で農学博士。同大学助手を経て明治大学農学部専任講師となり、緑の技術論を中心に緑地学の研究教育に就く。第16期日本学術会議会員（6部）のほか、都市緑化機構理事長、自然環境共生技術協会会長、日本造園学会、日本緑化工学会、日本芝草学会の会長など農学、工学関連の学会等で活動。著書に『建築空間の緑化手法』（彰国社、1985年）など。

明治大学緑地工学研究室　[ ] 内は卒業・修了・在学年

浅井啓吾 [2002年]

大学時代は、特に都市景観における「緑」の役割や市民への影響について考える毎日であった。都市の「緑」は、人々に潤いと豊かさを直感的に提供していることを知った。卒業後も、その視点を忘れずに仕事をしている。

小柳津君夫 [1996年]

卒業後、小柳津造園入社。入社後、愛知県東三河地域を中心として、主に公共緑化・維持工事、民間個人庭の作製およびメンテナンス等に従事してきた。約20年前より個人邸の外構工事、一般土木工事も業種に含め造園外構土木施工に携わり現在に至っている。1997年、代表に就任以来、「社員の技術力向上」「継続的な顧客とのつながり」をモットーに、日々現場主義を実践している。

香川 淳 [1985年]

大学院に進学し修士課程修了後、社会開発総合研究所を経て三鷹市役所勤務。2010年から3年間、花と緑のまちづくり三鷹創造協会に派遣され、花と緑のまちづくりに市民と協働で取り組む。樹木医、森林インストラクター、都市鳥研究会会員。

樫木謙次 [1982年]

卒業後、堺市役所へ入庁。農水産課、農業振興課、農業公園整備課などを経て、2001年、公園整備課へ異動。2014年から公園緑地整備課長。「農学」と「造園学」を礎とし、持続可能な循環型社会の実現に少しでも貢献できる日々の業務に取り組んでいる。

金田 哲 [1996年]

1998年、島根大学修士課程修了。2002年、横浜国立大学工学部博士課程修了。農業環境技術研究所、日本学術振興会特別研究員、東北農業研究センター、チェコ科学アカデミーを経て、農業・食品産業技術総合研究機構農業環境変動研究センターに勤務。現在に至る。日本土壌動物学会研究奨励賞を受賞。主にトビムシやミミズといった土壌動物の土壌生態系における役割を調べ、土壌生物を活用した農業生産体系の確立に取り組んでいる。

菊池佐智子 [2002年]

大学院に進学し、博士学位取得後、国土技術政策総合研究所、東北大学、茨城大学、山梨県立富士山科学研究所を経て、2016年より、都市緑化機構研究員。環境緑化工学、環境価値評価、特殊緑化空間による雨水管理、省エネルギー対策の研究に取り組んでいる。

佐久間恵美 [2001年]

大学院に進学し、虫害から見た都市の樹木と周辺土地利用との関係に関する研究を進めた。大学在学中から教職を目指しており、修士課程2年目から大学院に籍を置きながら、福島県の高校講師として採用され、理科、特に生物、化学の授業を担当した。2006年、正式に福島県高等学校教諭として採用され、県立いわき総合高等学校、県立会津学鳳中学校を経て、2014年、県立須賀川高校に赴任し、現在に至る。息子2人の母として、教員と主婦の二足のわらじを履きこなす生活を送っている。

佐藤公俊 [1996年]

在学中に第1回気象予報士試験に合格し、日本気象協会入社。卒業後20年以上、気象の世界に身を置いてきた。気象の世界とはいっても生物に関する情報も大切で、人と生物と気象を毎日考えるなかで、後輩にも伝えたいことを紹介した。気象予報士・防災士。2003年からNHKの気象情報に

出演し、現在は平日正午前を担当。日々より的確なわかりやすい解説を心がけている。

佐藤 力 [1995年]

卒業後、愛植物設計事務所に入社。現在同取締役、環境調査・計画部部長。植物や植生を中心に自然環境の現況調査、生息・生育環境または生態系の解析・評価、これにもとづく保全・再生計画のほか、街路樹や並木、都市樹林などの維持管理計画、または市民協働による公園維持管理のコーディネートなど、緑にかかわるさまざまな仕事に従事。時間のかかる緑の育成に、焦らず気長に取り組んでいる。

高田浩明 [1992年]

卒業後、日比谷アメニスに入社。現在、同工事2部課長。樹木医。マンションや再開発など民間物件における造園施工管理に20年以上携わり、造園業に対するニーズや社会要請の変化、求められる専門性、そして温暖化等に代表される環境変化を目の当たりにしてきた。もともと、居住環境と植物生育環境の関係に関心があり、卒業論文も、落葉性街路樹の休眠に街路照明が及ぼす影響を取り上げた。

田口真弘 [2003年]

学生時代は、緑の学問が何を勉強するもので、将来どのような職業につながるのか、まったくわからなかった。このままではダメだと思い米国への留学を決めた。幸運なことに、米国と中国のインターンシップ・プログラムに採用され、学生であったにもかかわらず、外国人デザイナーとして構想設計・基本設計の仕事が与えられた。留学してランドスケープ・アーキテクチャーという世界に触れ、学び、そして就職してそれを実践する経験を積んだ。

辻永岳史 [2009年大学院修了]

壁面緑化システムの研究開発を経て、日比谷花壇入社。ANAインターコンチネンタルなど都内ホテルにて主にロビー装飾、ブライダル装花などフラワーデザインを学ぶ。2014年、パーク・コーポレーション空間デザイン事業部parkERs（パーカーズ）入社。緑化システムを専門としながらインテリアグリーン、外構植栽など幅広くグリーン空間の設計を担当。壁面緑化の権威であるパトリック・ブラン氏の日本での作品に多く携わる。2015年、屋上・壁面等の都市緑化の国際会議であるWGIN CONGRESS NAGOYA 2015に登壇。

鄭 運根 [2008年大学院修了]

1995年に来日し、日本のランドスケープを学びながら「噴水造成による都市景観向上と望ましいイメージに関する研究」で修士論文をまとめる。韓国のソウル近郊の京畿道で、造景と環境関連会社である太陽環境開発を創業。造景と都市景観が関連した事業を行うとともに、究極的には人間の暮らしの質を向上させるために、きれいな空気、澄んだ水、青い森が溢れる美しい地球環境の再生と創造を目指して積極的で活発な活動をしている。なお、韓国環境生態学会（正会員）、韓国庭園のデザイン学会（常任理事）、韓国応用生態工学会（正会員）といった学会活動も積極的に行っている。

早川秀樹 [1991年]

東京都中央区企画部オリンピック・パラリンピック調整担当課長。東京都中央区役所土木部公園緑地課公園係、防災危機管理室危機管理課長を経て、2013年から現職。東京2020大会時に選手村ができる中央区にて、大会開催に向けた取り組みを進めるとともに、大会後12,000人もの人口増が見込まれる晴海地区のまちづくりに向けて、東京都や大会組織委員会など関係機関や地元住民との調整業務を担う。

松元信乃 [2007年]

卒業後、積和建設東東京（旧グリーンテクノ積和東京センター）に入社。CADおよび積算業務を経て、エクステリアデザイナーとして設計・営業の業務に従事。2016年、東京都公園協会（技術管理課）に入社。都立公園等における工事の安全指導にあたるとともに、健全な樹木育成を目指し、樹木診断業務を担当している。ガーデニングや菜園、登山・ハイキングを趣味とし、公私ともに緑三昧な生活を送っている。

三橋弘宗 [1994年]

兵庫県立人と自然の博物館主任研究員ならびに兵庫県立大学自然・環境研究所講師。専門は、保全生態学および河川生態学。環境情報を駆使して生態系の地図化を行い、国や公共団体の自然再生をはじめ、さまざまな施策展開に携わる。

横田雅彦 [1987年]

大学院に進学し修士課程修了後、東京都豊島区に入区。公園緑地課、都市開発課、交通対策課などを経て、2013年から道路整備課に勤務。区民との関係を大切にすることをモットーに、緑行政に取り組んでいる。

李 赫宰 [2001～2006年在学]

韓国東国大学森林資源学科で、木や森林に関する基本的なことを学んだ。明治大学大学院緑地工学研究室で、屋上緑化に関する研究を行い、2003年には緑化意識の違いと屋上緑化のイメージの関係の比較分析で農学修士を、2006年には都市における屋上緑化の景観的意味と配置に関する研究で農学博士課程を修了。ポスト・ドクターとして、CASBEEと連携できる緑総合評価ツールを開発した。2009年、韓国に帰国し、日本で学んだ特殊空間緑化を活用し、特殊空間の景観創出デザインの提案から工法の開発まで、すべてのプロセスを担当している。最近は、出身大学である東国大学の講師となった。

若林千賀子 [1984年]

若林環境教育事務所代表。自然体験活動推進協議会理事。日光国立公園那須平成の森インタープリター。「地球環境基金」評価専門委員会委員。1987年清里環境教育フォーラム事務局、1997～2010年、日本環境教育フォーラム理事。同団体が主催した「自然学校指導者養成講座」を担当し、14年にわたり120名以上の自然学校等で活躍する人材養成を行う。アニマルパスウェイと野生生物の会、ニホンヤマネ保護研究グループでは、ヤマネ調査とヤマネが利用する植物の調査に携わる。

渡部昌之 [2011年]

卒業後千葉大学大学院園芸科学研究科に進学。修士課程修了後、パシフィックコンサルタンツ入社。緑の経済評価や管理・運営体制を研究し、現在は環境影響評価等の環境政策に関するコンサルティング業務に携わる。

図・写真提供

鹿島建設：18 - 写真 13、19 - 写真 14（上 1 枚目）、163 - 写真 12
国立国会図書館：9 - 図 2、3、10 - 図 4
埼玉スタジアム：19 - 写真 14（下 3 枚）
新宿御苑：12 - 写真 2（左）
中央区広報課：107 - 写真 37
東京建物：21 - 図 13
東京都：14 - 写真 6、161 - 写真 11
東京都公園協会：11 - 写真 1
東京都都市整備局：104 - 図 25
日本植生：14 - 図 6、18 - 図 10
明治神宮：12 - 写真 3
Next Commons Lab：123 - 図 38

特記のないものは、執筆者提供

緑の技法　自然と共生する持続型都市社会に向けて

2019 年 7 月 10 日　第 1 版 発　行

著作権者と
の協定によ
り検印省略

編著者　　輿水肇＋明治大学緑地工学研究室
発行者　　下　　出　　雅　　徳
発行所　　株式会社　彰　国　社

162-0067 東京都新宿区富久町8-21
電話　03-3359-3231（大代表）
振替口座　00160-2-173401

自然科学書協会会員
工学書協会会員

Printed in Japan

Ⓒ 輿水肇＋明治大学緑地工学研究室　2019 年　　　　印刷：壮光舎印刷　製本：ブロケード

ISBN978-4-395-32137-7　C3051　　　　http://www.shokokusha.co.jp

本書の内容の一部あるいは全部を、無断で複写（コピー）、複製、および磁気または光記録
媒体等への入力を禁止します。許諾については小社あてにご照会ください。